ヤマケイ文庫

野草の名前 春 和名の由来と見分け方

Takahashi Katsuo
高橋勝雄 解説・写真

Matsumi Katsuya
松見勝弥 絵

Yamakei Library

はじめに

高橋勝雄

〝野草の名前〟を覚えるための手助けになることを願って、本書をつくった。名前を覚えるにあたって、その名前の由来がわかると、その草に親しみが湧く。たとえば、ホウチャクソウという草がある。この花は、仏塔などの軒下に吊ってある宝鐸（ほうちゃく）に似ている。それで、この名前がついたとすると、記憶しやすい。

さて、本書で紹介した全種の和名の由来を調べてみた。すでに、由来が知られている植物も少なくないが、もう一度確かめてみた。その結果は次の通りである。A)諸先輩の述べた由来は、やはり正しかった。B)諸先輩の述べた由来に対して異論を述べることになった。C)今回の調査では由来を明らかにできなかった。

今回の調査では、限られた短い時間での結論であるため、未見の資料の出現に伴って、由来についての記述を改める必要が生じる場合もあると思う。

名前を覚えるに当たって、もうひとつのことを本書で行なった。似た草姿、そっくりな花などの差異を写真とイラストで解説した。たとえば、アマドコロとナルコユリの2種。葉が丸いからアマドコロという覚え方もあるが、両者を比べないとはっきりと理解できない。また、ナルコユリには、花柄と花との接点に緑色の突起があるが、アマドコロにはそれがない。これを知ることによって、1種だけを見てもアマドコロかナルコユリかが判別できる。

次に、本書の項目に挙げた全種の和

▼ホウチャクソウと宝鐸

名の由来を検討していく過程で〝由来のもと〟がいくつかのパターンに分けられることに気付いた。それらを以下に述べる。

和名の由来

①歴史上の人物に関係ある和名

平敦盛（たいらのあつもり）は、流れ矢を防ぐため母衣（ほろ）という篭のようなものを背負っていた。花の唇弁（しんべん）が母衣に似るので、アツモリソウ。クマガイソウも熊谷直実（くまがいなおざね）の母衣にちなむ。

②武具のどこかが似る草

兜（冑）（かぶと）の鍬形（くわがた）に、その実の形が似ているクワガタソウ。武将が軍の指揮をするために振る采配（さいはい）に花が似ているサイハイラン。火縄銃に、その草姿を見立てたスズメノテッポウ。

③仏閣・仏具に似る草

仏塔の屋根の上にある九輪（くりん）に似た花のつき方をしているので、クリンソウ。仏像が安置されている蓮華座（れんげざ）に似た草姿なので、ホトケノザ。

④昔の生活用品に似る

夜間の室内照明用の灯をつける燈台（とうだい）に葉姿が似るので、トウダイグサ。機織りの筬（おさ）に似た葉をつけているオサバグサ。

⑤宮中・公卿に係わる物品に似る

宮中の行き来に使った牛車（ぎっしゃ）などの車輪に花が似るオカオグルマとサワオグルマ。

▼クリンソウと九輪

▼アツモリソウと平敦盛

⑥物語、昔話、伝説などにちなんだ名前がつく

平安時代、渡辺綱（わたなべのつな）という武士が京都の羅生門で、鬼の腕を切り落とした。その腕によく似た花を咲かせるのが、ラショウモンカズラ。花から伸びた紐を浦島太郎の釣糸に見立てたウラシマソウ。

⑦身近な動物の名前を使う

○草や花の大きさを表わす
ウシハコベ（ウシ）、カラスノエンドウ（カラス）、スズメノエンドウ（スズメ）、ノミノフスマ（ノミ）。

○動物の特徴・性質・生息地を表わす
キツネアザミ（だます）、ウマノアシガタ（馬沓）、ヘビイチゴ（藪）。

○否定の意・もどきの意
イヌガラシ（否ガラシ）、イヌナズナ（否ナズナ）。

⑧二段論法による命名

まず、球根（鱗茎（りんけい））を食べると甘いアマナがある。そのアマナに似て葉幅が広いので、ヒロハノアマナ。このような例は非常に多い。基本種の花につけるシロやオオバナなど、葉につけるヒロハやホソバなど。自生地を表わすイワ、ミヤマ、ヤマなどをつけた名前もある。

⑨三段論法による命名

船の碇（いかり）に似ているので、イカリソウ。イカリソウの仲間で常緑のトキワイカリソウ。このケースも多い命名の仕方。

▼ウマノアシガタと馬沓

【本書をお読みになる前に】

本書は二〇〇二年四月に発行した『山溪名前図鑑　野草の名前　春—和名の由来と見分け方』を文庫化したものです。文庫化にあたっては紙面の都合上、一般に馴染みのうすい種類や木本植物（木のこと）、いつくかの写真や植物解説を割愛しましたが、由来を解説した文章・イラストは、原則単行本と同じものです。また植物の分類情報に関しては、DNA解析に基づく分類体系（APGⅢ）に準拠しています。

【主な参考文献】

阿部正敏著『葉による野生植物の検索図鑑』
阿部正敏著『葉によるシダの検索図鑑』
安藤宗良著『花の由来』
いがりまさし『日本のスミレ』
伊沢一男著『薬草カラー大事典』
石戸　忠著『目で見る植物用語集』
上田萬年ほか編『覆刻版・大辞典』上・下
奥山春季著『日本野外植物図鑑』Ⅰ～Ⅲ
片岡寧豊・中村明巳著『やまと花萬葉』
北村四郎ほか著『原色日本植物図鑑』（草本）単子葉類編、合弁花編、離弁花編
木村陽二郎監修『図説草木辞苑』
儀礼文化研究所編『日本歳事事典』
権藤芳一著『能楽手帳』
佐竹義輔ほか編『日本の野生植物』草本Ⅰ～Ⅲ
高橋幹夫著『江戸萬物事典』
辻合喜代太郎著『日本の家紋』正・続
長田武正著『野草図鑑』全8巻
永田芳男・畔上能力著『山に咲く花』
中村　浩著『植物名の由来』
沼田　真ほか著『日本原色雑草図鑑』
林　弥栄・平野隆久監・著『野に咲く花』
深津　正著『植物和名の語源』
深津　正著『植物和名の語源探究』
細見末雄著『古典の植物を探る』
牧野富太郎著『原色牧野植物大図鑑』
森　和男著『洋種山草事典』

▼ノミノフスマと蚤

アカツメクサ

【赤詰草】

別名／ムラサキツメクサ（紫詰草）

Trifolium pratense

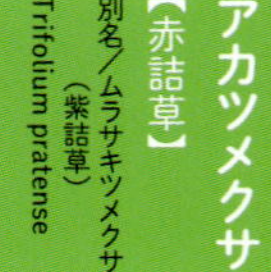

輸出品の破損を防ぐため、この草が詰められた。花が赤いので"アカ"がつく。

身近な道端などに多いが、高原でも群生する　（下）葉は3枚の小葉で構成される

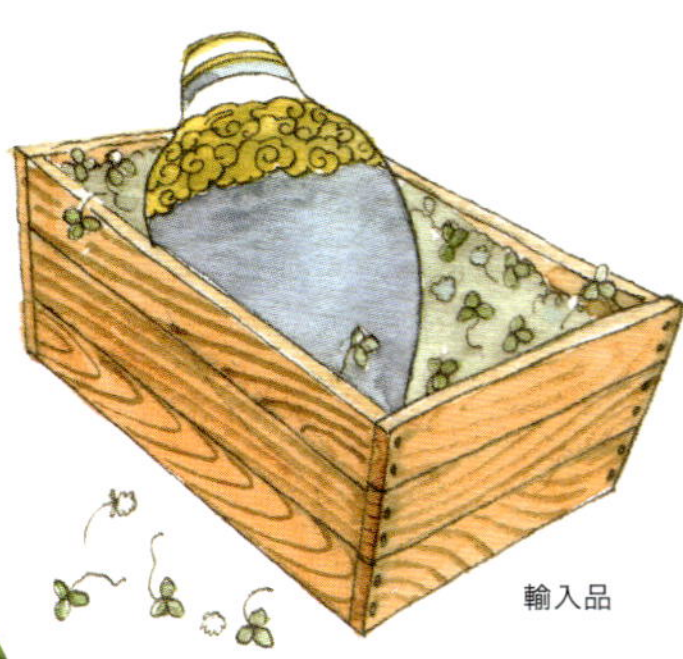

輸入品

アカツメクサは、明治の初めに欧州からの貨物の包装材として使用され、渡来した。乾燥していたが、タネが発芽して広まったと思われる。この仲間のシロツメクサも、ガラス製品や陶磁器など、壊れやすい商品を保護するために、木箱に詰められていた。アカツメクサの渡来より早く、江戸時代後期の弘化（こうか）3年の頃だった。オランダ国王から徳川将軍家へ贈られたガラス器の周辺にシロツメクサが詰められていたと伝えられている。

これらは、その後、牧草として輸入されて、各地に広がった。シロツメクサのほうが繁殖力があり、日当たりのいい

分類 マメ科シャジクソウ属

分布 欧州原産。日本各地に野生化

環境 空き地、道端、草原、川の土手など

花期 5～10月

仲間 シロツメクサ(白詰草)は、P129参照。コメツブツメクサ(米粒詰草)は、花が小さく米粒に似ることから、名づけられた。欧州原産だが、日本各地の日当たりのいい場所に広く野生化し、高さは10～50㎝。

類似種との見分け方

▼アカツメクサ

▼シロツメクサ

▼コメツブツメクサ

空き地があると群生することが多い。なお、シロツメクサはクローバーの名前で少女たちに愛された。首飾りや冠を作ったり、4つ葉(普通は小葉が3枚)のクローバーを探した人は多いと思う。

アカツメクサは、シロツメクサに比べると、やや繁殖力が弱いせいか少ない。しかし、山地や高原に行くと群生し、標高の高い場所では、花の赤色がさらに冴えて見え、とても牧草とか雑草とは思えないほど美しい。仲間のコメツブツメクサは、花が小さく米粒に似ているのでこの名前がついた。

アケボノフウロ【曙風露】

Geranium sanguineum

フウロソウの仲間である。この草をたくさん売ろうとした園芸家が思いついた名前であろう。

分類 フウロソウ科フウロソウ属
分布 欧州・西アジア原産
環境 庭や植物園で見かける
花期 5〜6月

葉には細かな切れ込みがある。高さ10〜30cm　(下)アメリカフウロの花

曙(あけぼの)とは、夜がほのぼのと明けてくる時間帯を示し、曙色は黄色を帯びた淡紅色をいう。アケボノフウロの和名のうち、〝アケボノ(曙)〟と花・草姿との関係は見当たらない。リンドウ科のアケボノソウやミヤマアケボノソウには、それぞれの花に夜明けの星のような彩りがあるが、この花にはそのようなものもない。ただ、春に咲き、鮮やかな紅紫色の花が開くので、なんとなく思いついた言葉が〝曙〟だったと思う。〝風露(ふうろ)〟は、花や葉の露が風にゆれて美しい草を表わす。
　近年、市街地の道端や空き地で目立つアメリカフウロは、北米産なのでこの名前がついた。

アサツキ【浅葱】

Allium schoenoprasum var. *foliosum*

アサツキの葉の緑色は、ネギの葉の緑色よりも淡いので"浅つ葱"。

分類 ヒガンバナ科ネギ属
分布 北海道、本州、四国
環境 山地や海岸の草むら。農村で栽培種を目にすることがある
花期 5〜7月

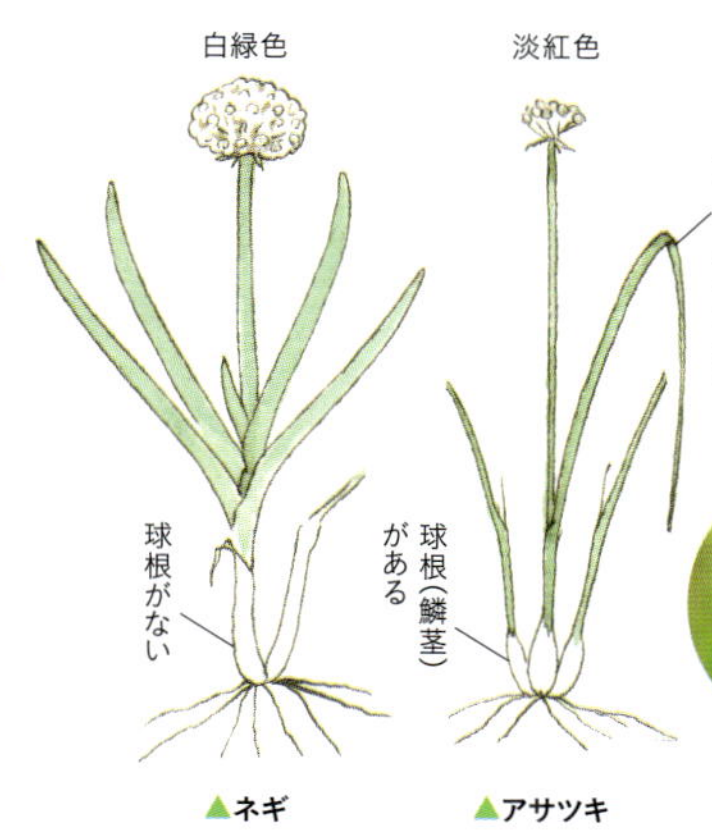

この仲間には特有のにおいがある。高さ30〜40cm　(下)アサツキのねぎぼうず

自生する姿を見かけなくなった日本在来種。葉が淡い緑色に見え、これを"あさぎ色"という。葱（き）とはネギの古語のこと。ところで、ネギと比べると葉の色だけではなく、いくつかの部分で違いが挙げられる。ネギの葉は太い円筒形で葉は数枚出るが、いずれも上向きに伸びる。一方、アサツキのほうは、葉が1〜2枚で、細い円筒形の葉の先が下へ垂れる。また、両種とも花茎（かけい）の頂部に花が集まるが、ネギは白緑色で、アサツキは淡紅色である。地下部分を見ると、アサツキのほうが浅く、ネギは深く地下に入っていて、そのために、ネギに"根深（ねぶか）"の別名がある。現在では葱の一語で"ネギ"と読むが、茎の中途まで地下の"根"に見立てて、"根葱（ねぎ）"の漢字も当てられている。

アズマイチゲ
【東一華】
Anemone raddeana

東日本で発見され、花は1つしかつけないので、アズマイチゲ。

分類 キンポウゲ科 イチリンソウ属
分布 北海道～九州
環境 早春に日が当たり、初夏に日陰となる落葉樹林
花期 2～4月

1本の茎に1輪の花を咲かす。花びらに見えるのは“がく”である。高さ10～20cm

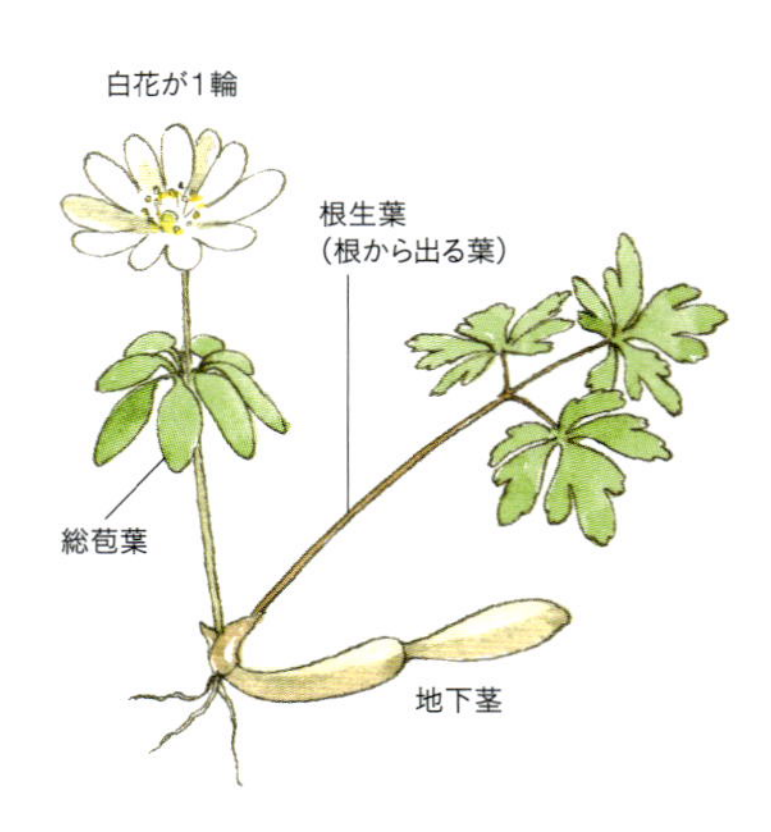

〝東〟とは、奈良時代には信濃・遠江より東の諸国を指し、その後箱根より東、特に関東地方をいうようになった。〝一華〟とは、1本の茎に1輪の花が咲いていることを指す。アズマイチゲは、これらの意味から〝関東地方によく見られる一輪の花〟となるが、実際には日本各地の山地で見られる。

なお、〝華〟という文字は、中国で、曼珠沙華のような花の形の象形文字としてできた。その後、北魏の頃（425年頃）に新字の〝花〟ができたようだ。〝花〟は、〝華〟がもつ意味と〝化〟がもつ音を結合して新文字にした形声文字といえる。したがって〝一華〟のほうが〝一花〟よりも花の形を表わす。キクザキイチゲやユキワリイチゲとの見分け方は、キクザキイチゲの項（P76）参照。

アズマギク

【東菊】

Erigeron thunbergii

関東北部から東北に分布する"キク"だからアズマギクという。

分類 キク科ムカシヨモギ属
分布 東北〜関東北部
環境 山地のほかの草が少ない土手や日当たりのいい原野
花期 4〜6月

茎は枝分かれせず、頂部に1つの頭花がつく。高さ20〜30cm

"東"の由来はアズマイチゲの項で紹介した。"キク"については、キク科キク属の総称で、キクの和名は漢名"菊"の音読み。本種は、属が違っても花の形が一見似ているので、この名前がある。キクの渡来は古く、奈良時代末期といわれている。

このアズマギクは、山地の草原とか海辺の斜面に群生することが多い。群生するのは、地下の茎が伸びて苗を作るため。花は淡い紅紫色をしており、花弁のような花びら(1枚でも独立した花で、舌状花（ぜつじょうか）という)はとても細い。花の中心部の筒状花（とうじょうか）と舌状花が多数集まって、キクの花ができている。このように小さな花が集まって、ひとつの花のように見えるものを頭花（とうか）という。なお、花を咲かせた株は枯れるが、脇に育った株が成長し、翌年に咲く。

アズマシロカネソウ【東白銀草】

Dichocarpum nipponicum

花が白っぽいので“白銀(しろかね)”。東日本で初めて見つかったので、“アズマ”。東(あずま)の国の白い花という意味。

根から出た茎の途中に向い合わせに葉がつく。葉は3枚の小葉からなる

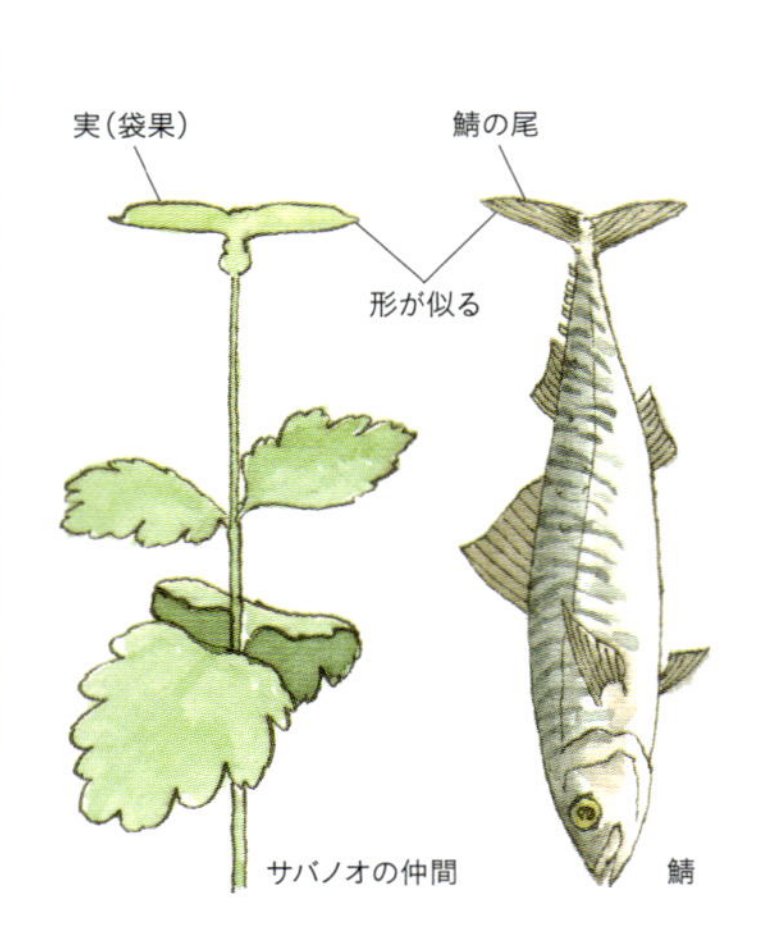

この草は秋田から福井までの日本海側に分布しているので、東日本分布型とはいえない。したがって、名前の〝アズマ〟は必ずしも正しくないと思われる。

命名者は、ライバルに先を越されるのを恐れて、分布について十分な調査をしないまま、あわてて〝アズマ〟とつけてしまったのであろう。さらに、花色の〝シロカネ〟も無理があるように思える。花をよく見ると、白色の花ではなく、花弁に見える〝がく〟はクリーム色で、しかも外側は部分的に紫色を帯びていることがわかる。

なお、この仲間の実(袋果(たいか))は、どれも竹トンボに似た面白い

分類 キンポウゲ科 シロカネソウ属
分布 本州の日本海側
環境 林の中
花期 4～6月
仲間 トウゴクサバノオ(東国鯖の尾)は、宮城県から九州に分布し、実の形を鯖の尾に見立てて名づけられた。属は異なるがよく似ているチチブシロカネソウ(秩父白銀草)は、長野県以東の本州に分布し、やや大型である。
その他、ツルシロカネソウ(蔓白銀草)、ハコネシロカネソウ(箱根白銀草)、サイコクサバノオ(西国鯖の尾)などがある。

▼アズマシロカネソウ

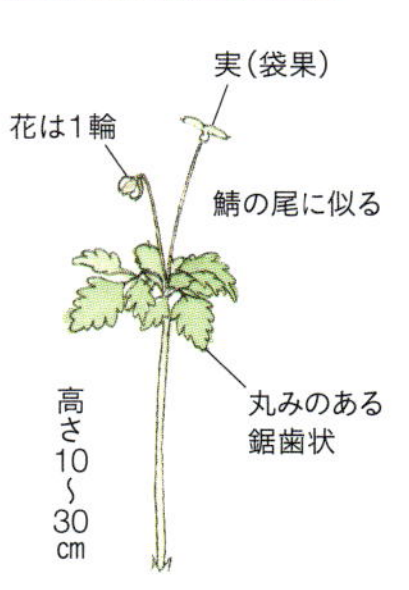

▼トウゴクサバノオ

▼チチブシロカネソウ

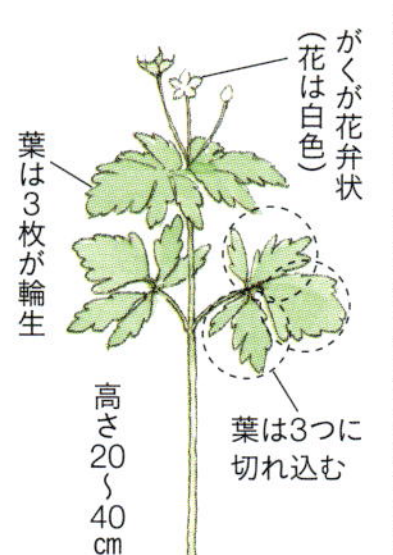

形になる。これが命名者には「とんでもない」ものに見えたのであろう。なんと、竹トンボの部分が、〝鯖(さば)の尾〟に見えたのである。これも、やや無理筋のように思えるが、発想が意表を突いて、とても面白い。近畿以西の西日本に分布している仲間にサイコクサバノオ(西国鯖の尾)の名前が与えられ、東北地方の宮城から九州まで分布している仲間にトウゴクサバノオ(東国鯖の尾)という名前がつけられた。

アツモリソウ【敦盛草】

Cypripedium macranthos var. *speciosum*

唇弁を、平敦盛の背負った母衣に見立てた。母衣は後方からの流れ矢を防ぐ武具のことである。

球形の唇弁の上部に穴があり、昆虫が出入りする。高さ30〜40cm

後方からの流れ矢を防ぐ武具の母衣

平敦盛は一の谷の合戦で熊谷直実によって討ちとられた武将

一の谷の戦場で源氏軍に追い込まれた平家軍は船で敗走し始めた。そのとき、平家の陣から若武者らしき人物が馬にまたがり、自軍の船へ向かっていた。その武者こそ、清盛の次弟である経盛の子・敦盛で、その背中には、母衣（保侶とも書く）をつけていた。母衣は、球形に編んだ竹篭を丈夫な布で覆い、腰と肩で縛りつけた武具である。アツモリソウは、これに見立てて名づけられた。人物の個性を言い当てた名前かと思うが、そうではない。歴史の世界にまで想像を広げさせてくれる素敵な名前である。

ところで、イラストでは、アツモリソウの唇弁の色に合わ

分類　ラン科アツモリソウ属
分布　北海道、関東、中部地方
環境　限られた山地の草原
花期　5〜6月
仲間　コアツモリソウ（小敦盛草）は、草姿と花が小さい。ホテイアツモリソウ（布袋敦盛草）は、アツモリソウに比べて、唇弁がより前に突き出た形をしているので、布袋腹に見立てた。クマガイソウ（熊谷草）は、P90参照。

類似種との見分け方

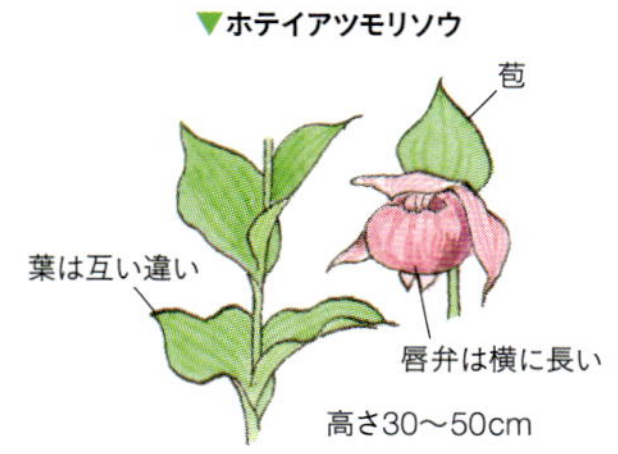

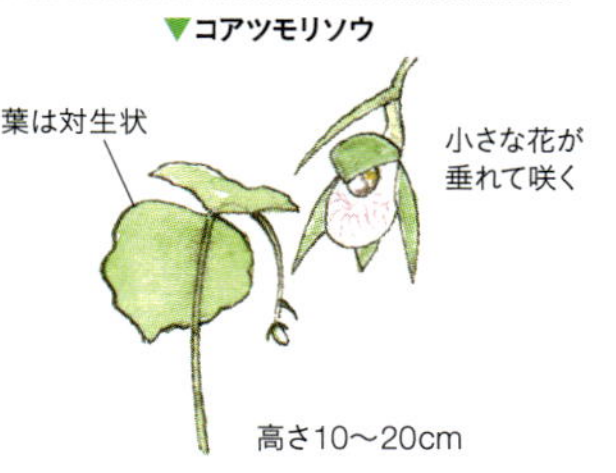

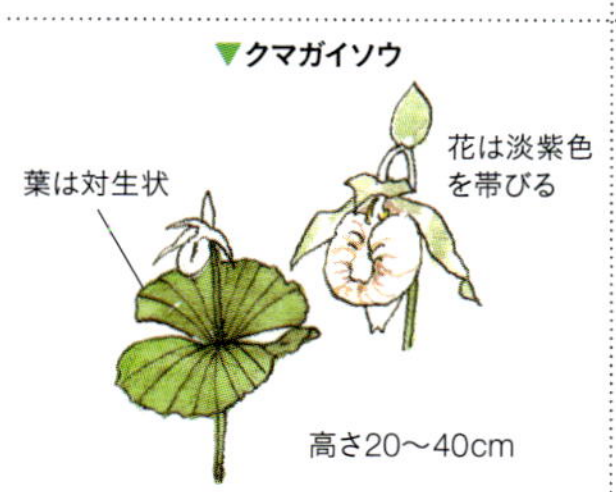

せて、母衣を紅色にした。しかし、実際に戦場へ出るときは、真っ白だったのではないか。源氏方の武将・熊谷直実（くまがいなおざね）の呼び戻す声に誘われ、敦盛は反転して源氏方に向かう。やがて、ふたりの一騎打ちが始まる。戦いはすぐに終わった。落馬した敦盛の首をとるため、直実は馬から降りて近づいた。敦盛の顔を見て驚く直実。自分の倅（せがれ）と同じくらいの幼さが残る顔であった。彼は刀を引き、見逃そうとするが、味方が許さない。仕方なく刀を振り降ろした。真っ白な母衣は、血で紅色に染まっていった。

アマドコロ【甘野老】

Polygonatum odoratum

“トコロ（オニドコロ）”に似た地下茎を食べると甘みがあるのでアマドコロの名前がついた。

茎は斜めに伸び、長い吊り鐘形の花が垂れ下がる。高さ40〜80cm

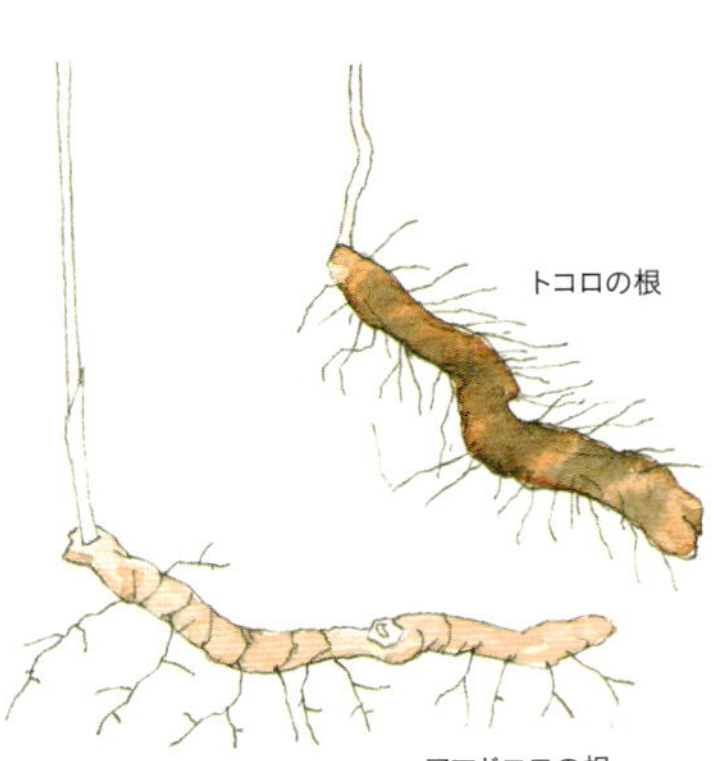

ヤマノイモ科のトコロの太い地下茎は、ひげ根がつき、曲がっていることが多い。このひげ根と曲がった地下茎から、老人に見立てた。野原の老人であるので、野老といった。野老の地下茎は、正月飾りに長寿を願う縁起物として、長い間使われてきた。

トコロの名前は、『本草和名』（平安初期）をはじめ、『新撰字鏡』（平安中期）、『延喜式』（平安中期）、『倭名抄』（平安中期）など多数の文献に登場していることから、古くから人との関わりの深い植物であったことが推定される。

なお、アマドコロの地下茎と茎を見ると、L字形に繋っ

分類　クサスギカズラ科アマドコロ属
分布　北海道〜九州
環境　明るい林の中や高地の草原など
花期　4〜5月
仲間　ナルコユリはP179参照。ミヤマナルコユリ（深山鳴子百合）はP233参照。その他、オオナルコユリ（大鳴子百合）、ワニグチソウ（鰐口草、P255参照）、ヒメイズイ（姫萎蕤）などがある。

類似種との見分け方

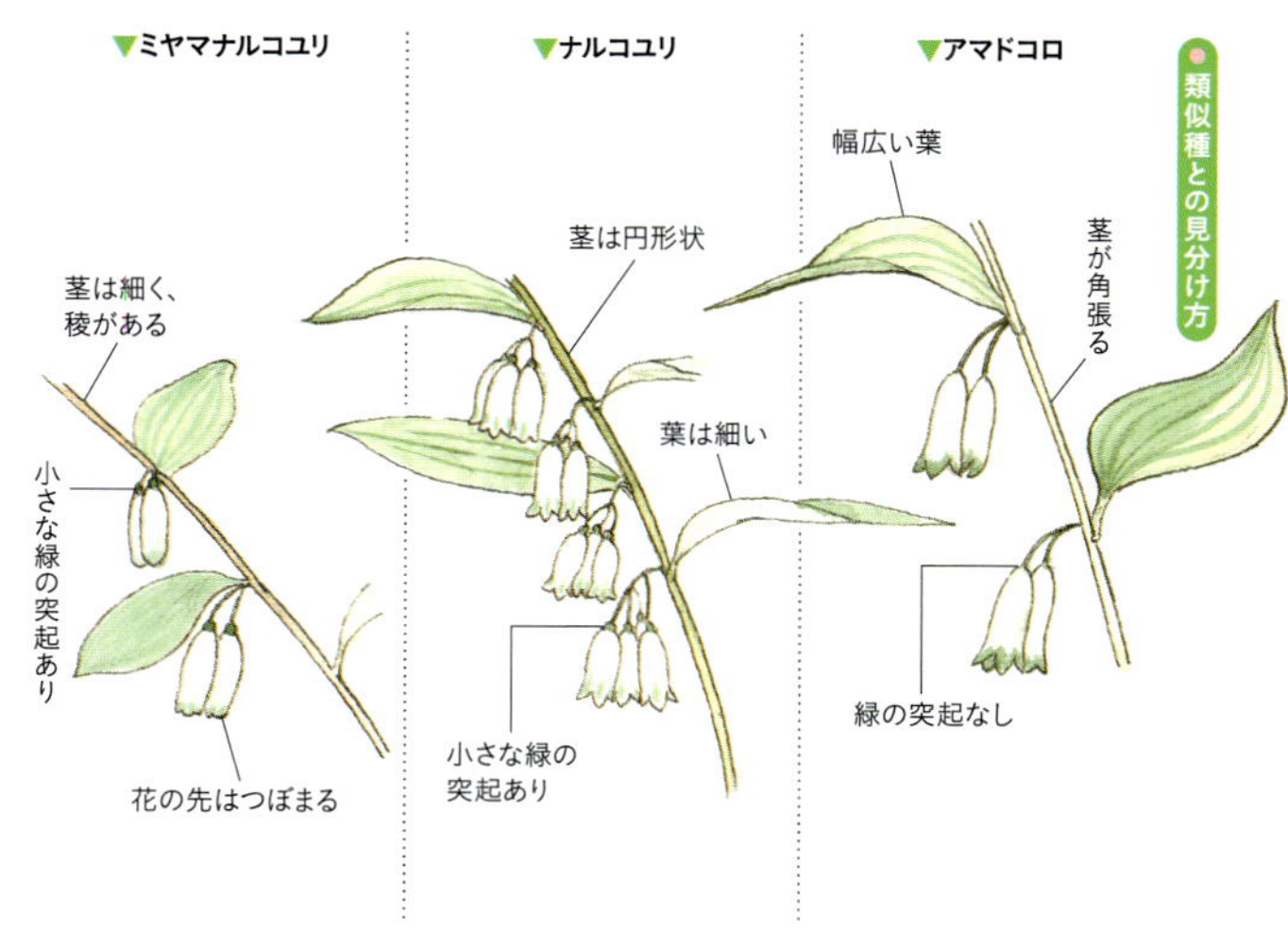

ている。茎は長く伸び、その上部に花と葉をつけている。花は長めの吊り鐘形である。この花に似ていて見間違えるのが、ナルコユリやミヤマナルコユリなどで、一見、これらの花の違いがわからない。しかし、花と花柄（かへい）の接点に緑色の小さな突起があるのがナルコユリとミヤマナルコユリで、さらにミヤマナルコユリは花の先がつぼまる。一方、アマドコロの花には緑色の突起はなく、葉に丸みがある。これらが見分け方のポイントである。

アマナ【甘菜】

Amana edulis

球根を煮て食べると、甘味がある。おいしく食べられるので“菜”がつく。

高さ20cmほどの株に1輪だけ花を咲かせる。花は日が当たるときだけ開く

今日のように外国の野菜が登場していない時代である。野菜の一部は野山から採ることに依存していた。神社、寺、商家などでは、菜摘女（なつみおんな）を雇い、〝山菜採り〟を専門に行なわせていたところもあった。野山には、食べるとまずいものや、毒になるものも少なくなかった。そこで、おいしく食べられるものに、〝菜〟をつけて覚えやすくしたのである。アマナをはじめ、ナズナ、コウゾリナ、ヨメナ、ゴマナ、ツルナ、ハチジョウナなどが、その例である。

　さて、アマナは、人里近くの草むらに多く見かける。昔から親しまれていて、『本草和（ほんぞうわ）

分類 ユリ科アマナ属
分布 東北南部〜九州
環境 山村の土手とかあぜ道
花期 3〜4月
仲間 ヒロハノアマナ（広葉の甘菜）は、葉幅が広いのが特徴。キバナノアマナ属のキバナノアマナ（黄花の甘菜）は、アマナに似て黄色い花を咲かせることから名づけられた。チシマアマナ属のホソバノアマナ（細葉の甘菜）は、葉が細い。そのほか、アマナに比べて大形なオオアマナ（大甘菜）がある。地中海原産だが、人家の近くに野生化。別名はベツレヘムの星。

ア

類似種との見分け方

▼アマナ

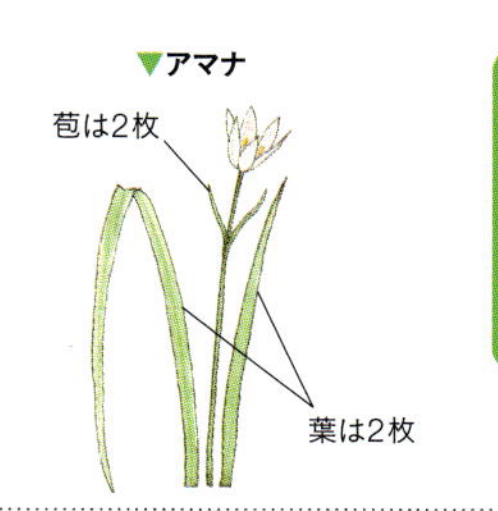

▼キバナノアマナ

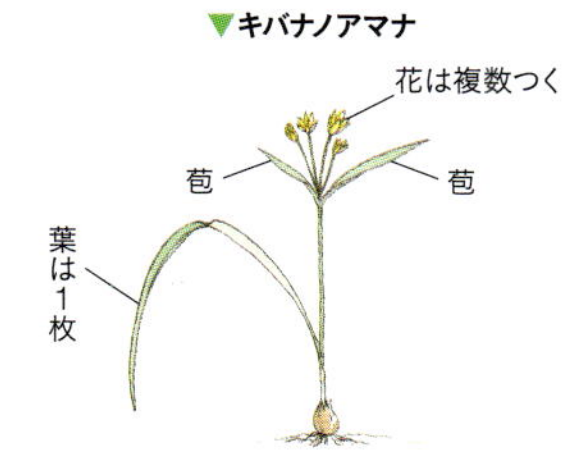

▼ホソバノアマナ

▼ヒロハノアマナ

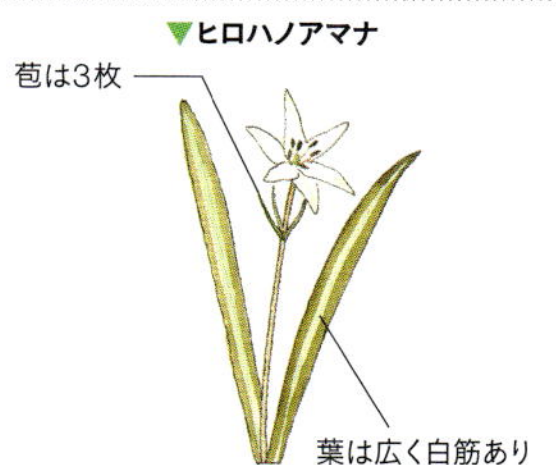

名』（平安初期）、『新撰字鏡』（平安中期）、『倭名抄』（平安中期）など、いくつかの文献にも掲載されている。さらに、各地に別名が多数あることも、アマナの球根（鱗茎）が滋養強壮の薬用とされたり、ほのかな甘味のある葉が食用にされてきたことを語っている。

　なお、絶滅しなかった理由のひとつは、タネや球根による繁殖力が強かったため。もうひとつは、晩春から翌年の早春までは地上部が休眠し、地下の球根だけとなっていたからである。地上部がなければ所在がわからないので、採取からまぬがれた。

アメリカフウロ → アケボノフウロ（P8）

アヤメ【菖蒲、綾目、文目】

Iris sanguinea

「目もあやに」というほど美しい綾目模様があるのでアヤメという説だが…。

外側の花びらに、網目模様と黄色斑が入り、「目もあやに」と思える

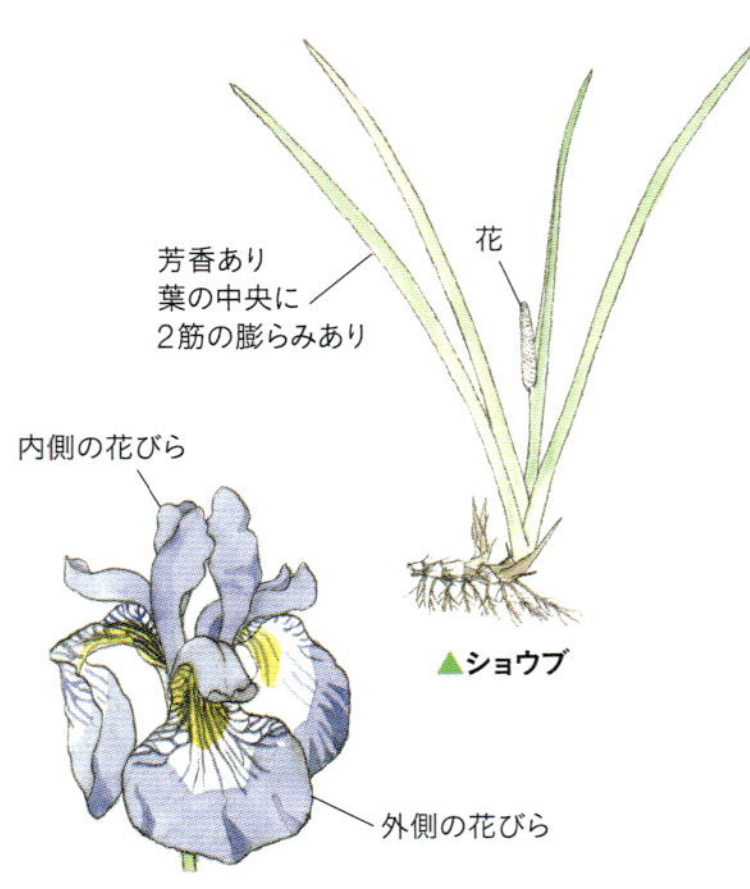

▲ショウブ

▲アヤメはショウブと間違えられるが、水辺に自生しないし、花もまったく違う

平安時代末期の頃である。歌人としてもすぐれた武将がいた。その名は源頼政。保元・平治の乱に功を立てていて、あるとき、帝から、宮中の評判の美女〝菖蒲前〟を賜ることになった。帝は頼政の前に3人の美女を並べて、「そなたの妻となる菖蒲前を引き連れよ」と仰せになった。一度も会ったことのない頼政は、どの女性かと迷い、とっさに次の歌を詠んだ。「五月雨に沢辺のまこも(真菰)水越えていずれ菖蒲と引きぞわずらう」《梅雨のため小川の水かさが増して、マコモ(イネ科の草)を越えるほどになってしまったので、どこに〝あやめ〟があるの

分類 アヤメ科アヤメ属
分布 北海道〜九州
環境 山地の乾いた草原。水辺には生えない
花期 5〜7月
仲間 カキツバタ(杜若)は、P59参照。ノハナショウブ(野花菖蒲)は、ショウブに似るが、野生なので"ノ"、花が美しいので"ハナ"がつく。ヒオウギアヤメ(檜扇菖蒲)は、葉の基部がヒオウギに似ることから名前がついた。

類似種との見分け方

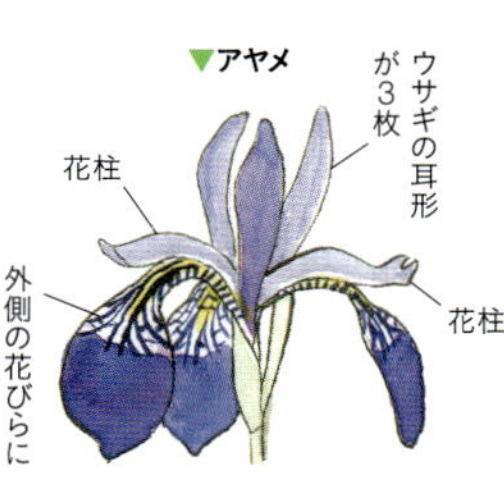

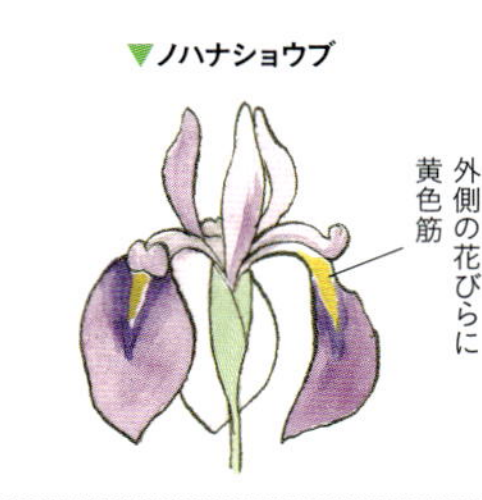

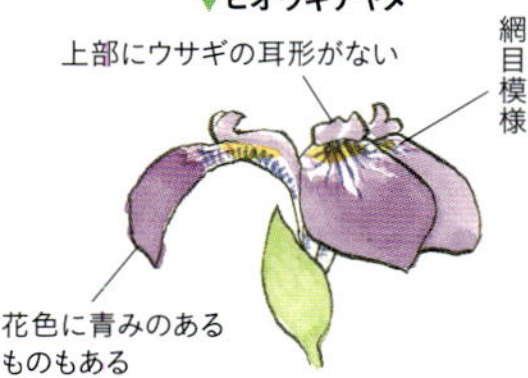

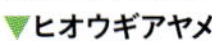

かわからなく困っています》という意味の歌である。

この歌を聞いたひとりの女性が顔を赤らめたので、この人だとわかり、頼政は妻選びに成功した。ところで、この歌に出てくる菖蒲は、アヤメ科のアヤメではなくて、ショウブ科のショウブのこと。ショウブは、古代から江戸時代の途中までは、菖蒲(あやめ)として人々に親しまれてきた。端午(たんご)の節句には、宮中では菖蒲(あやめ)と称するショウブを儀式に使い、庶民はこれを軒にさして邪気(じゃき)(悪神のたたり)払いとした。菖蒲をひたした酒を飲み、病気払いも行なった。

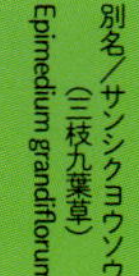

イカリソウ

【碇草、錨草】

別名／サンシクヨウソウ（三枝九葉草）

Epimedium grandiflorum

4つある花弁は、細長い筒状で、先が尖る。この形が船の“碇(いかり)（錨(いかり)）”に似る。

茎の上部に花がつく。高さ20〜40cm（下）ハート形の小葉が9枚で1つの葉

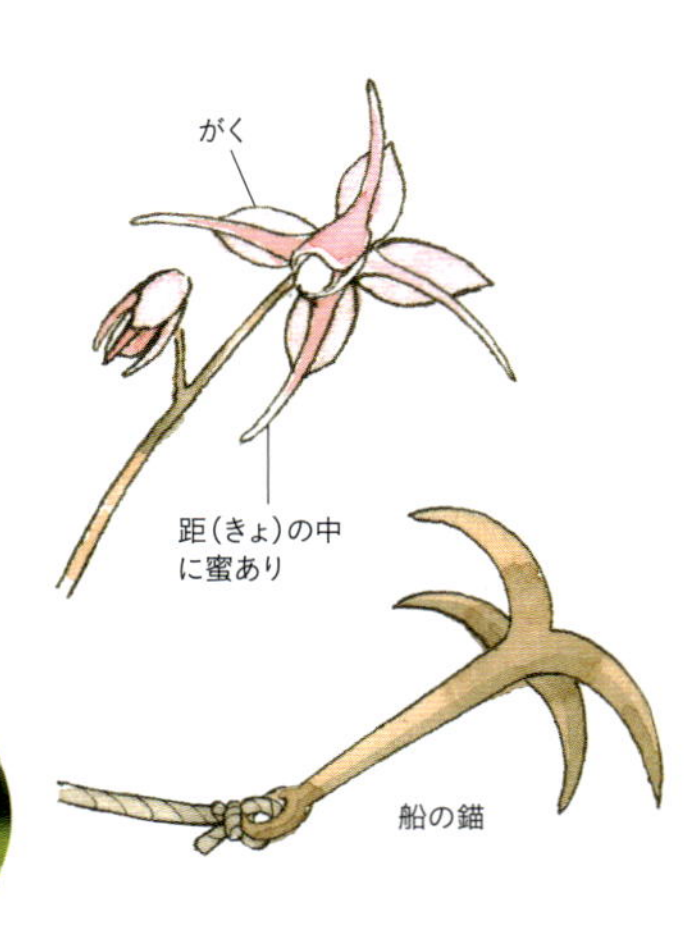

イカリソウの名前は、平安初期から江戸末期までの複数の文献に登場している。花の形が独特で、美しかったので観賞用として栽培されていた。

また、葉、茎、根などを薬草として利用していた可能性も大である。古名に“淫羊藿(うむきな)”がある。中国産の強壮・強精剤“淫洋藿(いんようかく)”とつながる名前で、淫洋藿が入手できるまでは、イカリソウがその代理薬草だったのではないかと思う。淫洋藿が流通すると、薬草とする人が少なくなり、やがてイカリソウを観賞用として利用することが多くなったのであろう。

分類
メギ科イカリソウ属
分布
北海道〜九州
環境
山地や丘の林の中や森のへり
花期
3〜4月
仲間
キバナイカリソウ(黄花碇草)はP82参照。
P82参照
トキワイカリソウ(常磐碇草)は、葉が常緑であることから名づけられた。
バイカイカリソウ(梅花碇草)は、淡紅紫色や白色の花に距がなく、梅の花に少し似ることから名づけられた。

類似種との見分け方

▼イカリソウ

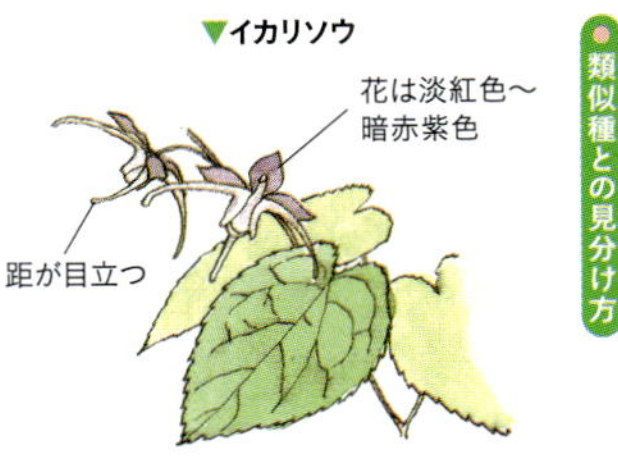

▼トキワイカリソウ

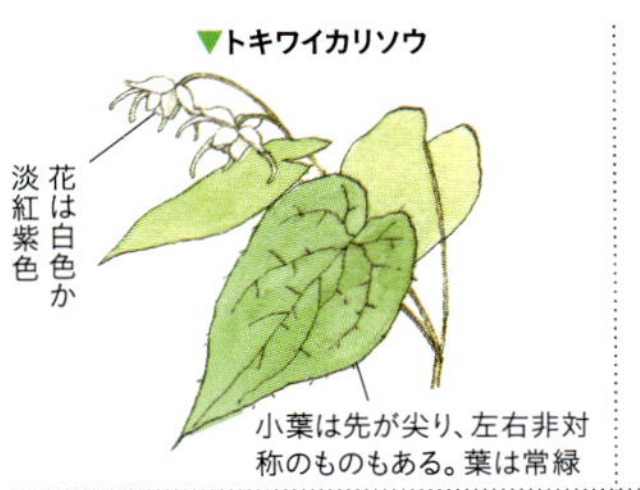

▼キバナイカリソウ

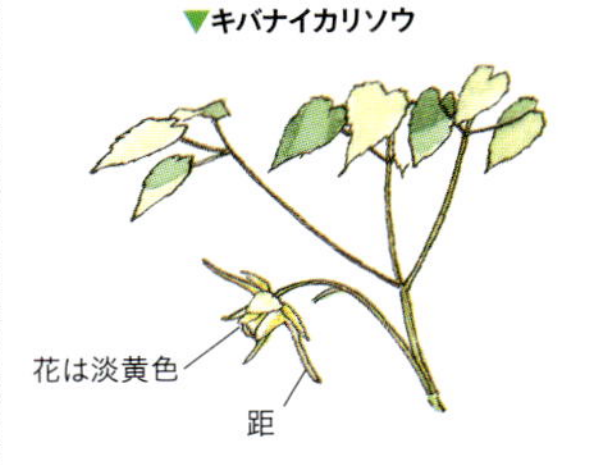

▼バイカイカリソウ

イカリソウの名前は、船の碇(いかり)(錨(いかり))に基づくことは間違いないと思うが、家紋の〝錨紋〟からということも考えられる。錨紋はいつ頃から使われ始めたのであろうか。平安時代に公家(くげ)の車に文様をつけて飾ったことが、家紋のはじめといわれている。次に、公家が服に自家独自の文様をつけることが広まる。錨の家紋を用いた家は、源頼光(みなもとのよりみつ)(平安中期の武将)の子孫の伊丹氏が採用しているとか。錨の家紋が採用されるのは、早くても平安末期なので、平安初期の文献に登場するイカリソウの名前は、錨紋からということにはならない。

イチハツ

【一初】

別名／鳶尾草

Iris tectorum

この仲間の中では一番早く咲き、初花となる。それで"イチハツ（一初）"とか。

分類 アヤメ科アヤメ属

分布 中国原産

環境 茅葺屋根の上に植えられた

花期 4～5月

アヤメの花に似る　(下)外側の花びらに鶏のとさかに似たひだがある

防火や雷よけのために昔の茅葺屋根の上に植えられた

かつて、古めいた茅葺屋根のいちばん高いところにアヤメらしき草が植えられているのを見たことがある。その植物はイチハツで、ほかにもイワヒバ、ユリ類、アヤメ、キキョウなどが植えられていた。茅葺屋根の上に土を載せて植物を植えるのを芝棟（しばむね）という。芝棟にすると、茅葺屋根が丈夫になり、雨漏りも防げるといい、イチハツを植えるのは、火災を防いだり、雷よけの効果があると信じられていたためである。

イチハツの別名は"鳶尾草（とびおくさ）"。花の中央に、先が2つに分岐した小さめの花びら（花柱＝雌しべの一部）が3枚ある。この部分が"トビ"が木にとまっているときに見られる尾羽の凹みに似ているので、この別名がついた。

イチリンソウ

【一輪草】

Anemone nikoensis

1本の茎に咲く花は、常に1輪だけなので"一輪草"という。

分類 キンポウゲ科 イチリンソウ属
分布 本州、四国、九州
環境 雑木林の中や森のへりなど
花期 3～4月

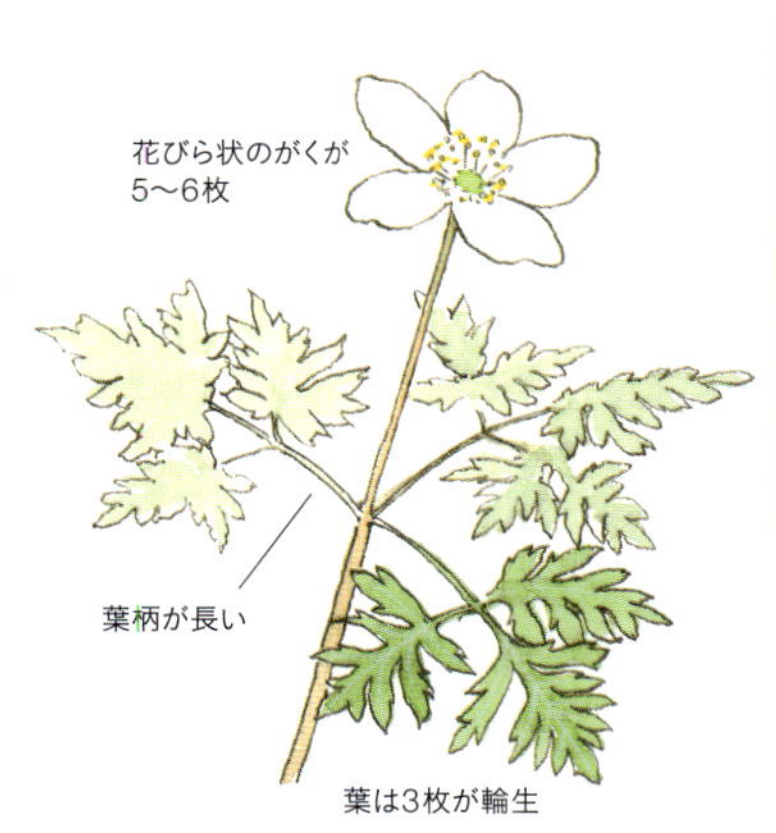

地上部は晩春に枯れて休眠する。高さ20～30cm

イチリンソウの名前は、『大和本草（やまとほんぞう）』(江戸中期)などに掲載されている。当初は夏の前に枯れるためか、〝一夏草（いちげそう）〟とか〝一夏草（いっかそう）〟と呼ばれていた。また、花がいつも1輪しか咲かないことで〝一花草（いちげそう）〟とか〝一華草（いちげそう）〟ともいわれるようになった。

その後、ニリンソウが知られるようになった(必ずしも2輪ずつ咲くとは限らない)。この名前を〝二花草（にげそう）〟とか〝二華草（にげそう）〟にすると、〝逃げ〟に通じ、語呂が悪いので避けたのかもしれない。このニリンソウの名前に影響されて、イチゲソウからイチリンソウに改名されたのではないかと思う。

イヌガラシ

【犬芥子】

Rorippa indica

“カラシナ”に似るが異なる。“否（いな）カラシナ”がなまって、イヌガラシと思う。

分類 アブラナ科 イヌガラシ属
分布 日本各地
環境 道端や荒地
花期 4〜9月

花は黄色の4弁花である。高さ30〜50cm

▲イヌガラシ

▲セイヨウカラシナ

〝イヌ〟という言葉は植物の名前によく使われている。イヌヨモギ、イヌタデ、イヌナズナ、イヌヤマハッカなど少なくない。これら〝イヌ〟のつく植物について、図鑑によっては、犬のように役立たない植物だからという説明がある。しかし、昔から番犬や猟犬として役立っていたし、現在でも盲導犬や麻薬犬として活躍している。役立たないといっては、犬に失礼である。イヌガラシの〝イヌ〟は、犬ではなく、〝否（いな）〟としたほうが妥当と考える。〝否〟とは、似ているが本物とは異なるという意味で、〝もどき〟に相当する言葉といっていいだろう。

なお、イヌノフグリ、オオイヌノフグリの〝イヌ〟は、本物の犬のこと。

〝ガラシ〟という言葉がつくのは、食べると辛いためであろう。

イヌナズナ

【犬薺】

Draba nemorosa

"ナズナ"に似るが異なるという意味の"否ナズナ"がなまって、"イヌナズナ"。

分類 アブラナ科 イヌナズナ属
分布 日本各地
環境 あぜ道や道路沿いの草むら
花期 3～6月

ナズナは春の七草。1月7日には七草がゆとして食べられてきた。一方、イヌナズナは食べられない。ナズナに似るが異なる雑草という意味を含んで、イヌナズナと思う。〝イヌ〟は犬の意味ではない。なお、茎の下側に切れ込みがない楕円形の葉が互生し、最下段の葉が寝そべるのも特徴。

花は黄色の4弁花。高さ10～20cm

毛が密生した楕円球形の実
毛が密生
実は三味線の撥形
白花
黄花
▲ナズナ ▲イヌナズナ

イ

イワウチワ

【岩団扇】

Shortia uniflora

"岩"の溝などで見かける。柄がついた葉の形を"団扇"に見立てた。

分類 イワウメ科 イワウチワ属
分布 北海道～近畿
環境 山林中の岩混じりの斜面や草むら
花期 4～5月

深山の岩峰に自生することもあるが、たいていは低山の林の中の斜面に群生する。イワウチワの名前をつけたときは、たまたま岩場に自生していたからと思う。イワウチワに似た葉をつけるイワカガミに団扇の名前がつかないのは、〝岩鏡〟という名前のほうがピッタリだから。

葉の基部はハート形

団扇（うちわ）

花はろうと形。葉は常緑で光沢がある

イヌノフグリ → オオイヌノフグリ（P45）／イモカタバミ → カタバミ（P65）

イワカガミ

【岩鏡】

Schizocodon soldanelloides

岩場に自生するので"岩"とつく。葉が厚く、光沢があるので、"鏡"に見立てた。

分類　イワウメ科 イワカガミ属

分布　日本各地

環境　山地から高山の岩場、草原、湿地

花期　4～7月

花の基部は筒状だが、先は房状に裂けている　(下)葉の先は尖らない

葉は円形に近く、古葉になると鋸歯(へりの尖り)は目立たない

植物の名前は、その植物の自生環境と、植物の形状と似たものを組み合わせたものが少なくない。イワカガミの"イワ"は岩峰の草付とか、岩混じりの斜面、岩壁などの溝や棚など、自生している環境の一部を表している。

ここで、イワカガミ以外の、主として岩場がある環境に自生している植物を挙げてみよう。すると、イワウメ、イワタバコ、イワキンバイなど数が多い。

次に、植物のなかの一部の形状を何か別の似たものに見立てた例を挙げてみると、イワナンテン(葉が南天の葉に似る)、イワウチワ(葉が団扇に似る)などがある。

再び、イワカガミに戻ってみると、"イワ"は自生環境を示し、"カガミ"は葉の形状や質感を鏡に見立てたことを表わしている。

イワギリソウ

【岩桐草】

Opithandra primuloides

主に岩場に自生し、花は“桐(きり)”の花に似るので、“イワギリ”。

分類　イワタバコ科イワギリソウ属
分布　近畿〜九州
環境　山地の湿った岩場
花期　5〜6月

紅紫色の花を10輪ほど下向きに咲かせる
(下)珍しい淡いピンク色の花

イワギリソウの名は、〝イワ〟という自生環境を表わす言葉と、この花がキリの花に似るので〝キリ〟の名前とが組み合わさってできている。このように、自生している環境をいい表わす用語と樹木名が組み合わさった例が、ほかにもある。これらを列挙すると、イワザクラ(岩＋桜)、イソマツ(磯＋松)、イワイチョウ(岩＋銀杏。ただし、自生地は岩場でないことが多い)、イワボタン(岩＋牡丹)などがある。

ところで、桐であるが、下駄、琴の材料になるほか、和箪笥(わたんす)の材として特に知られている。

このように身近な桐のためか、ほかにも桐の花に見立てた草がある。アキギリやキバナアキギリである。

イワザクラ

【岩桜】

Primula tosaensis

主に岩場に自生し、花が"桜"に似るので、"岩桜"という単純な名前がついた。

分類 サクラソウ科 サクラソウ属

分布 岐阜、紀伊半島、四国、九州の限られた地域

環境 岩混じりの斜面、岩壁の棚や溝

花期 4～6月

高さ10～15cmの花茎1本に1～5個の花をつける　（下）コイワザクラの花

イワザクラの〝イワ（岩）〟は自生環境を表わす言葉である。その後に続く〝サクラ（桜）〟は、この花が身近で誰もが知っている桜に似ていることを表わしている。このような命名の仕方はイワギリソウとまったく同じである。植物の命名法としては、無難なやり方と思える。

このイワザクラの名前は、箱根周辺の岩場に自生する仲間にも応用され、イワザクラより小さめの草姿であることから、コイワザクラという名前がついている。ほかにヒメ、ユキワリ、ヒナのつく仲間があり、そのほかでは、ミチノクコザクラ、レブンコザクラなど、地名との組み合わせによる名前が多い。

イワセントウソウ

【岩仙洞草、岩先頭草、岩尖頭草】

Pternopetalum tanakae

仙洞御所で発見とか、春の先頭に咲くからとか、葉の先が尖頭だから、と諸説あり。

分類 セリ科 イワセントウソウ属
分布 東北～九州
環境 深山や亜高山の森や林の中のしっとりとした苔の中
花期 5～6月

名の由来が定まっていないが、岩仙洞草と書かれることが多い。それは、先頭や尖頭よりも、〝仙洞〟のほうが格調高く感じられるためであろうか。なお、この草は森の中の湿り気味の腐葉土に自生するが、苔むした岩上にあるのがいちばん目立つ。〝仙洞〟の由来はＰ１４６参照。

白くて小さい花

別の植物の葉のように異なる

放射状に花がつく。高さ10～20cmの小さな草

イワタイゲキ

【岩大戟】

Euphorbia jolkinii

タカトウダイの根を乾燥させた漢方の名である"大戟"と自生地を組み合わせた名前。

分類 トウダイグサ科 トウダイグサ属
分布 関東～沖縄
環境 海辺の岩場
花期 4～6月

日本各地の山地に広く分布しているタカトウダイという草がある。この草の根はゴボウ状で、この根を乾燥させたものを、中国では〝大戟〟と称し、腎臓病の治療に用いてきた。岩場に自生する同属のイワタイゲキに、この生薬名をつけた。ほかに、ハクサンタイゲキなどがある。

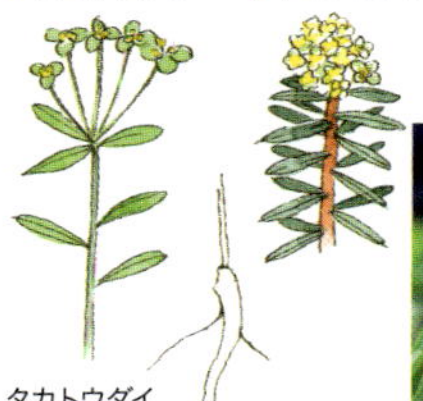

タカトウダイの根を"大戟"という

茎の上部に黄色く変色する苞葉がつく

イワユキノシタ【岩雪の下】

Tanakaea radicans

岩場に生え、"ユキノシタ"のようにつるの途中や先端に子株をつくる。

分類 ユキノシタ科イワユキノシタ属
分布 神奈川・山梨・静岡・高知
環境 沢沿いの岩肌や渓谷の岩壁
花期 5～6月

若い雌花。花茎は高さ10～20cm

"イワ"は"岩"の意で、自生する環境を表わす。ユキノシタとは葉も花も似ていないが、横走りするつるの先に子株を殖やしていく性質が同じだから、名前を借用した。同様の例に、ハルユキノシタなどがある。なお、1属1種でイワユキノシタの仲間はない。

ウスバサイシン【薄葉細辛】

別名／サイシン
Asarum sieboldii

細くて辛い根を乾燥させた生薬を"細辛（さいしん）"という。葉が薄いので、"ウスバ"とつく。

分類 ウマノスズクサ科カンアオイ属
分布 本州
環境 山地の林の中など
花期 3～4月

葉はハート形で先が尖る。長さ5～8cm

花はがく片の先がつまんだように持ち上がる

"細辛"は、現在では主に生薬名として使われるが、江戸時代は、園芸分野でもよく使われた。元禄の頃から、葉柄（ようへい）が緑色のカンアオイの仲間が"細辛"と呼ばれて好まれた。葉の斑模様や葉柄が緑色の変異種が収集された。本種は葉が薄いので"ウスバ"。

ウスベニチチコグサ → ウラジロチチコグサ（P35）

ウマノアシガタ

【馬足形、馬脚形】

別名／キンポウゲ

Ranunculus japonicus

分類 キンポウゲ科キンポウゲ属
分布 日本各地
環境 日当たりのいい草むらや田のあぜ道
花期 4〜5月

上から見ると、花の輪郭が“馬わらじ”に似ていたことから名づけられた。

ウ

馬わらじ

花が似る

花に光沢がある。八重咲きのものを金鳳華（キンポウゲ）といい、区別する

この草は、『本草和名』（平安初期）、『薬品手引草』（江戸中期）、『綱目啓蒙』（江戸末期）に登場する。遅くとも江戸時代にウマノアシガタの名前で知られていたと思う。当時の馬は蹄鉄を打たないので、長距離は走れなかった。現代の馬よりも頑強だったと思われるが、蹄が擦り減り、傷んでしまうことが多かったと考えられる。

馬の蹄がなんとか傷まないようにと思いめぐらしたようで、そのときにいいヒントとなったのが、人間のはく草鞋であった。馬に草鞋を履かせれば、蹄をある程度保護できる。そして、つくられたのが〝馬わらじ〟で、これを〝馬沓〟と呼んだ。街道筋の荷馬は、馬沓をはくのが普通になったが、藁製の馬沓はすぐに傷んだ。そこで、馬子は必ず予備の馬沓を持ち歩いていた。

ウラシマソウ【浦島草】

Arisaema thunbergii ssp. *urashima*

仏炎苞（ぶつえんほう）から長く伸びた細い紐のようなものを、浦島太郎の釣り竿の糸に見立てた。

分類　サトイモ科 テンナンショウ属
分布　北海道～四国
環境　野山の林や森のへり
花期　4～5月

仏炎苞という頭巾形の花を咲かせる
（下）実は熟すと赤くなる

釣り糸に見立てた
浦島太郎

この植物は、平安時代以降、古名の〝於保保曽美（おほほそみ）〟か〝浦島草〟のいずれかで知られていた草である。

一方、浦島太郎伝説のほうは、いつ頃できたのであろうか。浦島太郎のことは、『丹後風土記』『万葉集』やほかの文献にも見られ、奈良時代には広く知られていた説話である。

いつ、浦島太郎伝説とウラシマソウとが結びついたかわからないが、江戸時代よりずっと前にこの名前が成立したものと想像できる。

なお、呼び方に〝蛇草（へびくさ）〟とか〝蛇腰掛（へびのこしかけ）〟がある。花のイメージを蛇が鎌首をもたげて、長い舌を出していると見たためであろう。漢名にも、〝蛇頭草根〟とあるが、中国の人も、蛇の頭に見立てたものとわかる。

ウラジロチチコグサ
【裏白父子草】
Gamochaeta coarctata

"チチコグサ"に似て、葉裏に白い綿毛が密生するので、ウラジロチチコグサ。

分類 キク科チチコグサモドキ属
分布 南米原産。日本各地に野生化
環境 都会の道端や荒れ地
花期 4〜5月

紫褐色の花を穂状につける。高さ10〜30cm　(下)葉裏に白色の綿毛がある

1970年代に南米原産のこの草が野生化していることがわかった。日本在来種のチチコグサに似ていることから、"チチコグサ"の名前を借用し、日本在来種と区別するため、この草の特徴を表わす"ウラジロ"を頭につけた。葉表面は濃い緑色で光沢があるが、裏側は、名前についたように、白い綿毛が密生し、真っ白に見える。命名の仕方としてはロマンや面白さに欠けるが、特徴が明確で覚えやすい名前である。

なお、似た種類に外国原産のタチチチコグサがある。大形になり、葉の表裏が白っぽく、花の基部に綿毛が密生する特徴がある。このほかに、チチコグサモドキ(葉先が丸いのが特徴)とウスベニチチコグサ(蕾に赤みがあるのが特徴)がある。

ウワバミソウ

【蟒蛇草】

別名／ミズ（水）、ミズナ（水菜）

Elatostema japonicum var. majus

"大蛇（ウワバミ）"が出そうな沢沿いの湿ったところに自生する。

分類　イラクサ科ウワバミソウ属

分布　北海道～九州

環境　山地の湿った斜面など

花期　4～9月

雄花は花柄が長い

雌花は花柄がない

花柄

大蛇のことをウワバミという

葉先が尖る。茎は斜めに立ち上がり、長さ20～数十cm
（下）雄株の雄花

別名の〝ミズ〟で知られた山菜である。ミズのほかに、〝ミズナ〟〝ミンズ〟とも呼ばれている。くせのない山菜として昔から親しまれてきた。

この草の生えている場所には、蛙が いる。蛙を狙って蛇が出没することがあると思うが、ミズの自生地で蛇に出合ったことはない。蛇は下草の少ない、からっとした場所のほうが好きである。人間が腰を下ろして休みたくなるような場所にいることのほうが多い。

さて、ウワバミソウは、『物品識名』(江戸中期)と『綱目啓蒙』(江戸末期)に掲載されている。江戸時代には、ウワバミソウ(うわばみさう)の名が知られていたと思える。

エイザンスミレ

【叡山菫、蝦夷菫】

Viola eizanensis

比叡山で初めて発見されたか、たくさん自生していたため、"叡山菫"。

分類 スミレ科スミレ属
分布 本州、四国、九州
環境 林の中や森陰
花期 3～4月

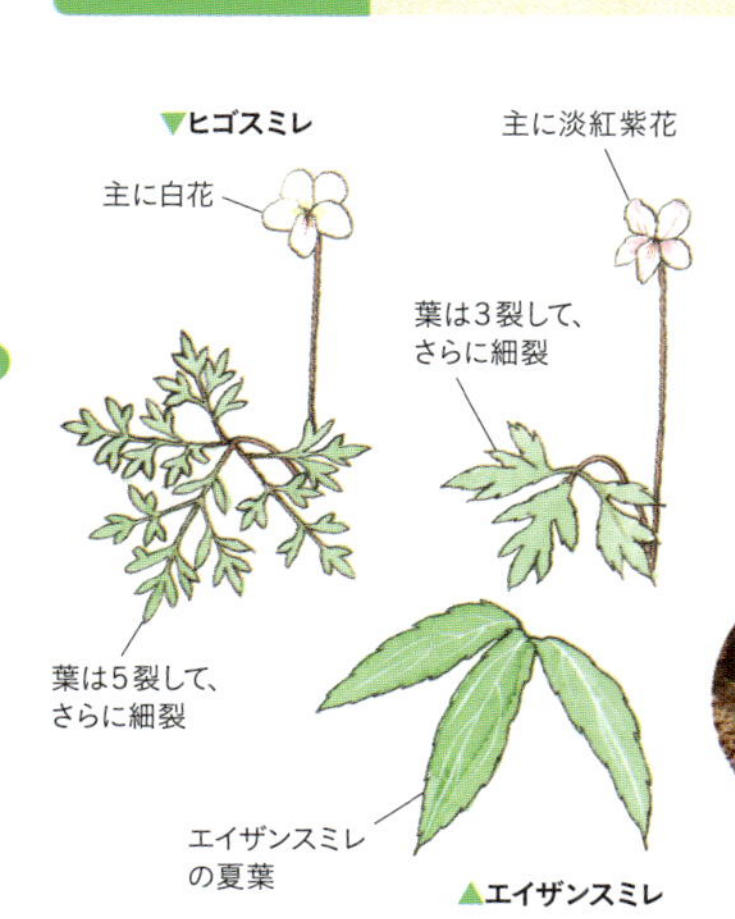

花は直径約2cm。色は淡紅紫色、紅色、白色など　(下)春葉はよく切れ込む

京都府に近い、滋賀県の比叡山は、単に叡山と呼ばれていた。叡山の延暦寺は天台宗の総本山である。多くの高僧・名僧がこの寺で修行したことで知られている。"叡山の荒法師"とは、延暦寺で養った僧兵のことである。

さて、エイザンスミレであるが、江戸時代末期の『綱目啓蒙』に掲載されている。この時代に名前がついていたといえる。その頃であろうか、本草学者が比叡山に登った際に見つけたか、または比叡山に登った人がこのスミレを採集し、知り合いの本草学者に見せて、エイザンスミレの名前が誕生したと考えられる。このスミレは葉の切れ込みが多く、ほかの多くのスミレとは葉の形状が異なっている。

エゾエンゴサク → ジロボウエンゴサク(P131) ／ エゾタンポポ → タンポポの仲間(P158)

エビネ
【蝦根、海老根】
Calanthe discolor

地下の球根が連なっている形が、“海老”の背中に見えるので、エビネの名前がついた。

花弁は普通紫褐色だが、変化が多い。高さ30〜40cm

球根（偽球茎）が海老の背中のように見える

海老

エ

昭和40年代の頃、春に郊外の雑木林へ入ると、スズランのような花を咲かせている草があった。これがエビネである。エビネの地際にはサトイモ形の球根（偽球茎）が連なっている。苗の段階では小さな球根であるが、株が育つにつれて球根が大きくなってくる。小さな球根から大きな球根へと並んでいる姿が、〝海老〟の背中に似ている。それで、この草を〝エビネ（海老根）〟といった。通称、ジエビネともいう。

『草木図説』『大和本草』『物品識名』の3書は江戸時代後期に発刊されているが、いずれもエビネ（海老根、蝦根）の名前を掲載している。室町時

分類 ラン科エビネ属
分布 北海道南西部〜四国
環境 雑木林の中や常緑樹林の中
花期 4〜5月
仲間 キエビネ（黄蝦根）は、花が黄色であることから名前がついた。キリシマエビネ（霧島蝦根）は、P85参照。サルメンエビネ（猿面海老根）は、P115参照。

類似種との見分け方

▼エビネ

▼キエビネ

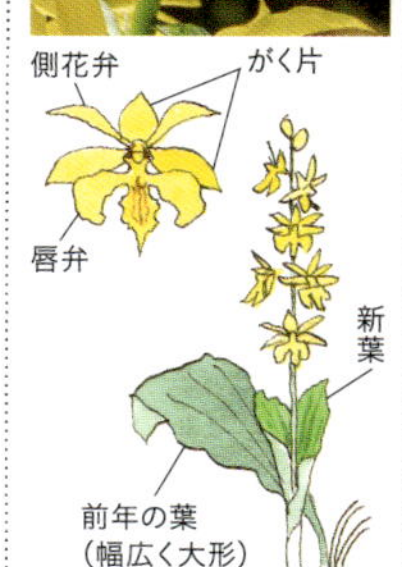

▼キリシマエビネ

代以前の書には見当たらないことから、エビネの名前は江戸時代に定まったと思う。身近に見られた草なのに書物への登場が遅れたのは、薬用や食用にできなかったためであろう。

エビネには仲間が多い。春に咲くものには、花が黄色で大柄なキエビネ、花びらに丸みがあり、距（きょ）が上に長いキリシマエビネ、花が淡い藤色で甘い香りのするニオイエビネ、唇弁（しんべん）が猿面のようなサルメンエビネなどがある。

エンコウソウ

【猿猴草】

Caltha palustris var. *enkoso*

茎を伸ばして花を咲かせる形を手の長い"猿(エンコウ)"に見立てた。

分類　キンポウゲ科リュウキンカ属
分布　北海道、本州
環境　明るい沢沿いや日の当たる草原の湿地
花期　4～6月

茎は紫色のことが多い。高さ約50cm
(下)リュウキンカに似た黄色い花

エンコウソウの"エンコウ"は"猿猴(えんこう)"のことで、猿の総称。古い言葉でテナガザルのことを指すという説がある。テナガザルの仲間は、中国南部や東南アジアに棲息する、手の長い、樹の上に住む猿。エンコウソウは、このテナガザルか普通の猿に似たところがある。

花が咲いた後、茎が横にずーっと伸びてきて、その先に葉を展開し、また根を伸ばしてくる。根が生え秋になると、途中の茎が枯れて、ひとつの独立した植物になる。特に雪の多い地方では、縦よりも横に伸びたほうが安全である。エンコウソウという植物は、リュウキンカの変種である。リュウキンカは、湿地に自生するキンポウゲ科の草で、金色の花が立ち上がるようにして咲く。

エンレイソウ

【延齢草】

Trillium apetalon

"エマウリ"が変化してエンレイという説と、薬効から"延齢"という説がある。

分類 シュロソウ科エンレイソウ属
分布 北海道〜九州
環境 山地や深山の森のへりや林の中
花期 3〜4月

3枚ある葉は6〜17cm。茎の高さ20〜40cm　(下)花びらに見えるのはがく

エンレイソウの名前の由来には、2説がある。1つ目は、アイヌ語からきたという説。アイヌ語では、エンレイソウのことを〝エマウリ〟と呼んで、それが、エムリ、エムレ、エンレイと変化したのではないかという。もう1つは、この植物は薬になり、漢名で〝延齢草根〟という胃腸薬であったからという説。中国では民間薬として知られ、高血圧、神経衰弱、胃腸薬に使われていたようだ。そのことから、名前がエンレイソウといわれるようになったという。

この草は、いくつかの古文書にも登場するが、たいていは、延齢草、延命草、養老草、三葉人参などと、薬効を示している。薬の用途が多いので、アイヌ語説ではないのではと思われる。

オウレンの仲間【黄蓮】

Coptis spp.

根が黄色いことから"黄蓮"といわれる。

概要
キンポウゲ科オウレン属の総称。早春に林の中や森陰で白い花を咲かせる。花弁に見えるものはがくで、その内側に本当の花弁がある。

バイカオウレン。花が白梅のようで可愛らしい
(下)バイカオウレンの実

キクバオウレンの根。胃腸薬に利用される

オウレンは、黄色い根という意味。根を切断してみると、黄色味がはっきりしている。そして、なめると苦く、特にセリバオウレンの根は胃薬、健胃整腸薬、下痢止めの主材料として使われるほか、結膜炎やただれ目、中風などにも薬効がある。

この仲間は花に特徴がある。5枚の花弁に見えるのはがく。がくの内側にあって、黄色いスプーン形または白色の小さな花びらに見えるのが、本当の花弁である。花には雄しべだけの雄花と、雄しべと雌しべを持つ両性花がある。花後にできる実は、遊園地の回転カップのような形に集まってつく。カヌー形の実の端に穴があいていて、風で揺れるたびに中のタネが飛ぶ。

キクバオウレン【菊葉黄蓮】

別名／オウレン
Coptis japonica var. *anemonifolia*

北海道南西部、本州の日本海側の針葉樹林の中に自生。花期は2〜3月。

葉が菊の葉に似るので、〝キクバ〟とつく。

花期には高さ10cmくらいになり、花を3つほどつける

葉の形がキクの葉に似る

コセリバオウレン【小芹葉黄蓮】

Coptis japonica

本州、四国の主に太平洋側の森の中や森のふちに自生。花期は3〜4月。

〝セリバオウレン〟と葉が似るが、小さいので〝コ〟がつく。

雄花と雌花がある。雌花の中央は紫色または緑色

セリの葉にやや似た小葉が3枚ずつつく

バイカオウレン【梅花黄蓮】

別名／ゴカヨウオウレン
Coptis quinquefolia

東北南部〜四国の山地の雑木林、森のやや湿ったところに自生。花期は3〜5月。

白梅の花に似るという意味で、〝バイカ〟とつく。

中心の黄色く、小さな棒が花弁。背後に、花弁状の白いがくがある

葉は5つの小葉からなることから、別名は五加葉黄蓮

オオイヌノフグリ【大犬の陰嚢】

Veronica persica

“タチイヌノフグリ”より花や草姿が大きい。花後の実が雄犬の陰嚢に似る。

茎を伸ばして広がっていく。茎の長さ10〜40cm　（下）名前の由来となった実

オオイヌノフグリというのは、イヌノフグリという名前に基づいている。イヌノフグリという名前は、『物品識名』や『草木図説』という、江戸時代中期の本に登場する。花の後にできる実の形をよく見ると、雄犬の陰嚢に似ている。陰嚢を〝ふぐり〟といっていたので、このような変な言葉がついている。

明治の中頃になると、欧州原産のタチイヌノフグリが登場する。これは、イヌノフグリとよく似ているが、花が小さく、茎が立ち上がる性質がある。それでタチイヌノフグリという。数年後、ヨーロッパ原産のオオイヌノフグリが登場

分類 オオバコ科クワガタソウ属

分布 欧州原産。明治中頃に渡来して、日本各地に野生化。

環境 日当たりのいい田のあぜ道、道端の空き地、川沿いの土手など

花期 3～5月

仲間 イヌノフグリ（犬の陰嚢）の名前の由来は、本文参照。欧州原産のタチイヌノフグリ（立犬の陰嚢）は、茎が立ち上がるのが特徴。日本各地に野生化している。

類似種との見分け方

▼タチイヌノフグリ

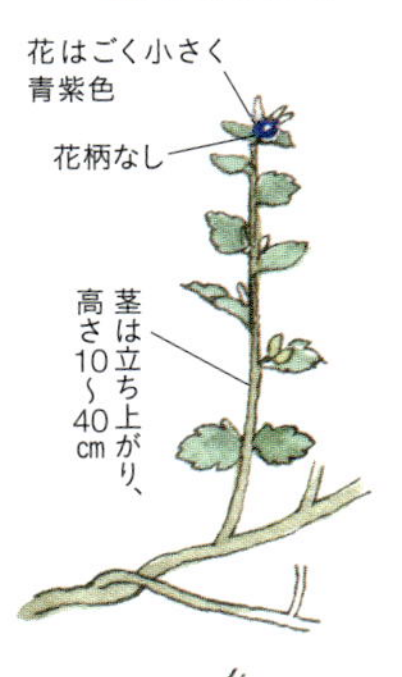

毛は多く小さい

タチイヌノフグリの実
幅4mm

▼イヌノフグリ

イヌノフグリの実
幅4～5mm

▼オオイヌノフグリ

オオイヌノフグリの実
幅6～7mm

した。これはコバルトブルーの花で、やはり、イヌノフグリやタチイヌノフグリによく似ている。タチイヌノフグリに比べて花が大きいということで、オオイヌノフグリという名前がついたという。

いずれも似ているが、花の大きさ、色、立ち上がっているかどうかで見分ける。

昔、人事院総裁で、植物に造詣の深かった、佐藤達夫さんが、「サファイヤの宝石箱をひっくり返したようだ」と、オオイヌノフグリを見て言ったとか。サファイヤソウという名前がついたらいいなと思う。

オオサクラソウ → サクラソウ（P113）

オオジシバリ
【大地縛り】
別名／ツルニガナ
Ixeris japonica

ランナーが広がり、地面を縛るように見える。“ジシバリ”より大きい。

分類 キク科タカサゴソウ属
分布 日本各地
環境 田んぼや畑のあぜ道、山道沿いなど
花期 4～5月

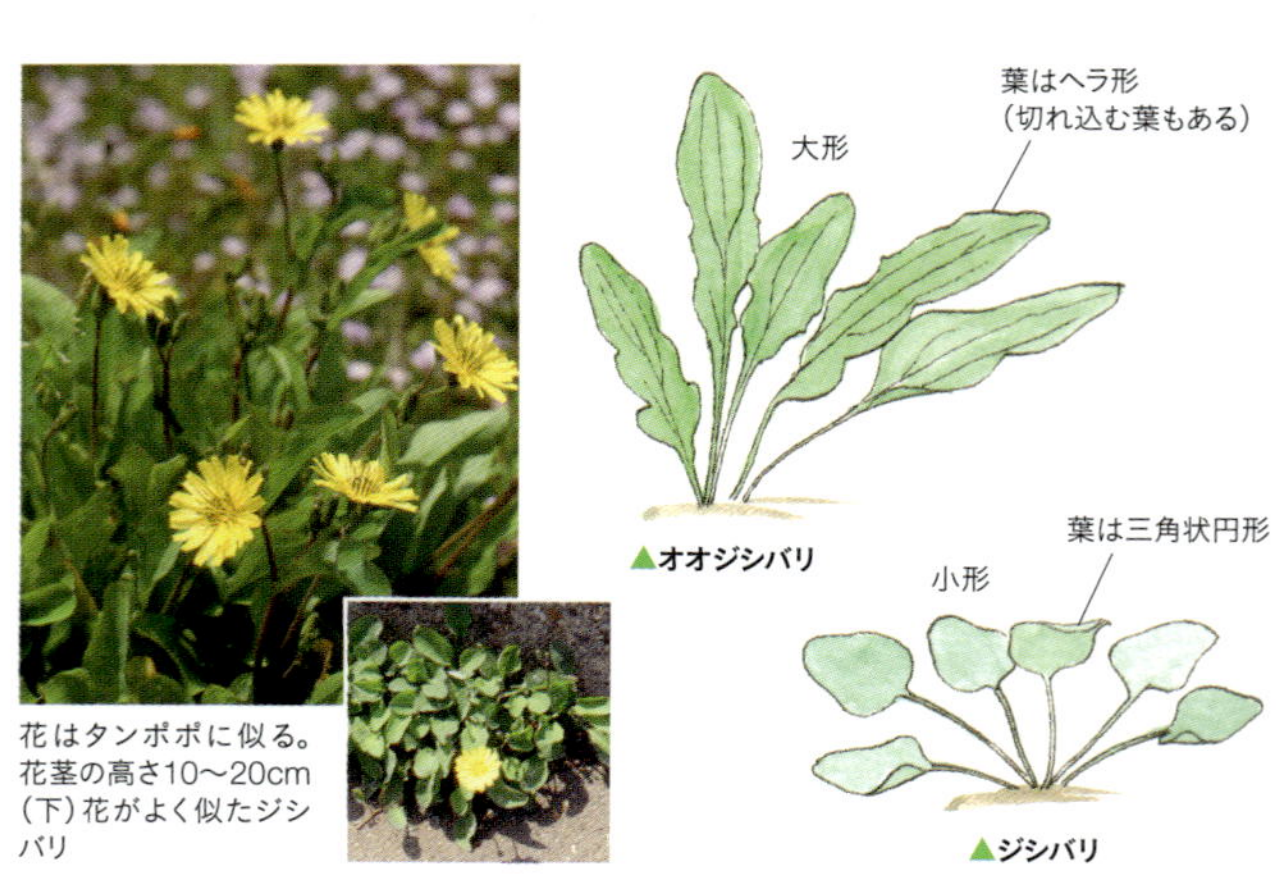

花はタンポポに似る。花茎の高さ10～20cm
(下)花がよく似たジシバリ

このオオジシバリは、ジシバリよりも大きい。そこで〝オオ〟という言葉が頭についている。

ジシバリの名前だが、これは江戸時代の書物、『三才図会』『薬品手引草』『物品識名』などに掲載されている。すでに江戸時代には、ジシバリという言葉が知られていたという。ジシバリという名前は、横走りする茎(ランナー)が地面に広がって、地面を縛るという意味からついている。別名に〝イワニガナ〟という名前もある。

ところで、オオジシバリだが、ジシバリによく花が似ており、葉が違うだけ。葉は、ジシバリが丸形の葉に対して、オオジシバリのほうはヘラ形である。

オオタチツボスミレ → タチツボスミレ(P151)／オオチャルメルソウ → チャルメルソウの仲間(P163)

オオバキスミレ
【大葉黄菫】
Viola brevistipulata

葉がほかの"スミレ"より大きく、黄花を咲かせるので、オオバキスミレ。

分類 スミレ科スミレ属
分布 北海道～近畿
環境 山地の林や湿った草原
花期 6～7月

ハート形の大きな葉は長さ5～10cm。中央上は花後の実とがく

花が黄色い仲間にキスミレ、キバナノコマノツメなどがある。高さ5～20cm

普通のスミレに比べて葉が大きいが、オオバキスミレにもわりあい葉が小さいものがある。たまたま名前をつけた人が、大きい葉を見て、〝オオバ〟とつけたと思われる。〝キ〟は、花が黄色であるということ。〝スミレ〟の名前の由来が大変やっかい。大工さんが材木に線を入れるときに、墨壺(すみつぼ)(あるいは墨入れ壺)を使うが、その一部がスミレの花の後にある距(きょ)に似るためという説がある。その時代に、このような墨壺があったかどうか疑問を抱く人も少なくないが、正倉院御物(奈良時代)にそのものがあるとわかった。〝須美禮(すみれ)〟という言葉は、『万葉集』に出てくる。奈良時代には、〝スミレ〟という言葉が知られていたことになる。

オオバコ【大葉子】

Plantago asiatica

道端の草のなかでは、"大葉"なのだろう。末尾の"コ"は、ドジョッコと同じ。

分類 オオバコ科オオバコ属
分布 日本各地
環境 道端、街中の空き地、農村の畑の脇道など の人が踏みつけるような場所
花期 4～9月

白い花が花茎に穂状につく。花茎の高さ10～50cm　(下)根生葉

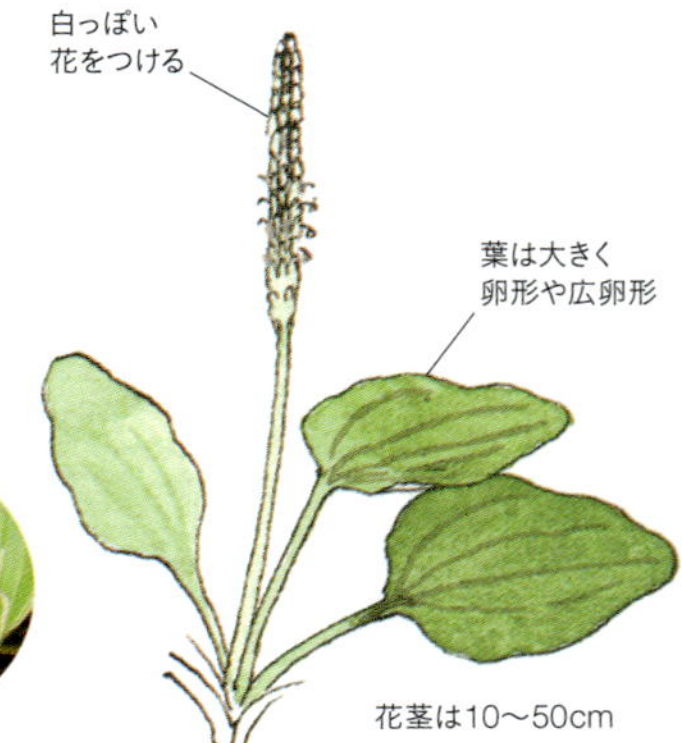

▲オオバコ

オオバコの由来は、何かと比較して大きいということだろうか。ドジョッコ、フナッコと同じように、最後に"コ"をつけたと思える。なお、食用のシソは、"大葉"といわれている。シソの実はとても長い穂がつく。オオバコの場合も、シソの実のような形で花穂(かすい)が伸びる。シソの実のほうが大きいが、よく似ている。だから、オオバコはオオバの子どもだというような解釈をすると、とてもすっきりする。しかし、古文書にシソの名前が出てくるが、オオバという名前がないことから、この考え方は成り立たないともいえる。

ツボミオオバコ【蕾大葉子】

Plantago virginica

北米原産。関東以西の道端、荒地などに広く野生化。花期は5～8月。花茎の高さ10～30㎝。

花が開かず〝蕾〟のままのオオバコ。

花は淡黄緑色である

ヘラオオバコ【箆大葉子】

Plantago lanceolate

欧州原産。日本各地の道端、荒地、牧草地などに野生化。花期は6～8月。花茎の高さ20～70㎝。

葉が〝へら〟形のオオバコ。

葉のへら形が特徴的

道端に自生

葉は細長く、
へら形で、
長さ20～40cm

トウオオバコ【唐大葉子】

Plantago japonica

本州～九州の日当たりのよい海岸に自生。花期は7～8月。花茎の高さ40～80㎝。

姿が異国風なので、〝唐〟がつく。

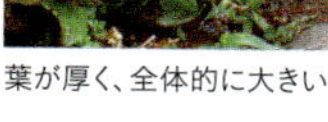

葉が厚く、全体的に大きい

オオハナウド → シャク（P121）

オオハンゲ

【大半夏】

Pinellia tripartita

カラスビシャクは別名“ハンゲ”。それより大きな草姿なので、“オオ”。

分類 サトイモ科ハンゲ属
分布 岐阜～沖縄
環境 山地の常緑樹林内
花期 4～7月

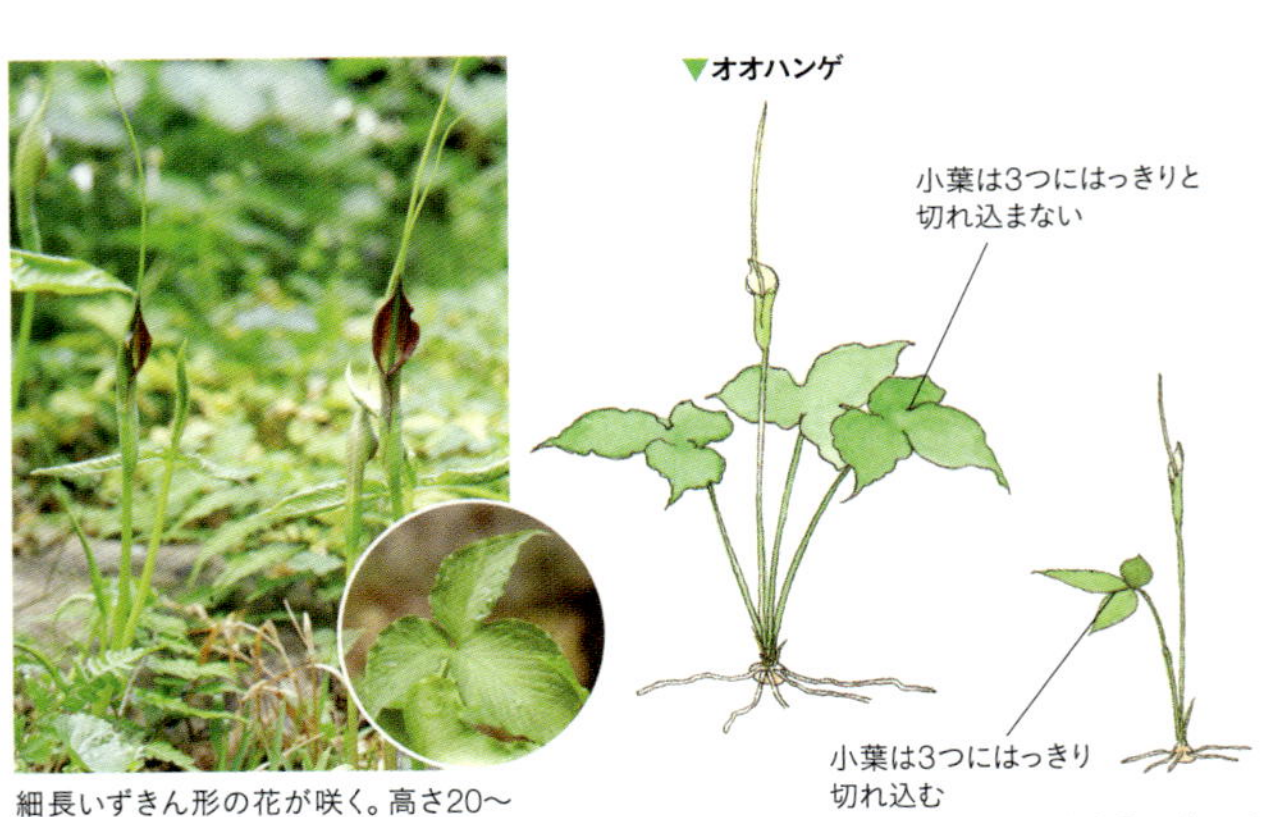

細長いずきん形の花が咲く。高さ20～50cm　(下)葉は3つに切れ込む

仲間にカラスビシャク(P72参照)という草があるが、それに比べ草姿が大きいのでオオハンゲ。“ハンゲ”は、カラスビシャクの球根を乾燥させたものを漢方薬で“半夏(はんげ)”ということからきている。これは咳止めなどに使う薬草。オオハンゲもつわりに効くということで使われている。

カラスビシャクという名前は、江戸時代の古文書などに掲載されている。一方、仲間のオオハンゲは、古文書に掲載されていない。理由は何だろうと考えてみると、第1にカラスビシャクと同じものと誤認された。第2にこのオオハンゲは、中部地方以西の暖地に分布している。限られた場所に自生していて、オオハンゲの存在が気づかれなかったことからか。

オカオグルマ

【丘御車(岡小車)、狗舌草】

Tephroseris integrifolia ssp. kirilowii

サワオグルマに対し、日当たりのいい草原に自生するので、"オカ"がつく。

分類 キク科オカオグルマ属
分布 本州、四国、九州
環境 乾いた日当たりのいい草原
花期 5～6月

茎は長く伸び、その先に花がつく。高さ20～65cm　(下)名前の由来である花

名前の由来は、〃オカ〃と〃オグルマ〃に分けて考える。〃オカ〃というのは、乾いた草原、低い山の草原というような意味合い。このオカオグルマとよく似たサワオグルマは、湿地や沢沿いなどの湿った場所に自生する。このサワオグルマに対して、乾いた草原に自生するので、〃オカ〃をつけ区別した。〃オグルマ(御車)〃というのは、花びらがきれいに円盤状に並んでいる状態をいう。あたかも昔の公家(くげ)だとか皇族の乗る牛車(ぎっしゃ)の車輪を思わせるような、きれいな車輪状に見える。それで、〃オグルマ〃という名前がついている。

オキナグサ【翁草】

別名／ネッコグサ、白頭翁、猫草
Pulsatilla cernua

強風が吹き、綿毛が飛ぶと頂部が禿げた"翁"のようになる。

分類 キンポウゲ科オキナグサ属
分布 本州、四国、九州
環境 山地の日当たりのいい草原や雑木林のはずれ
花期 4～5月

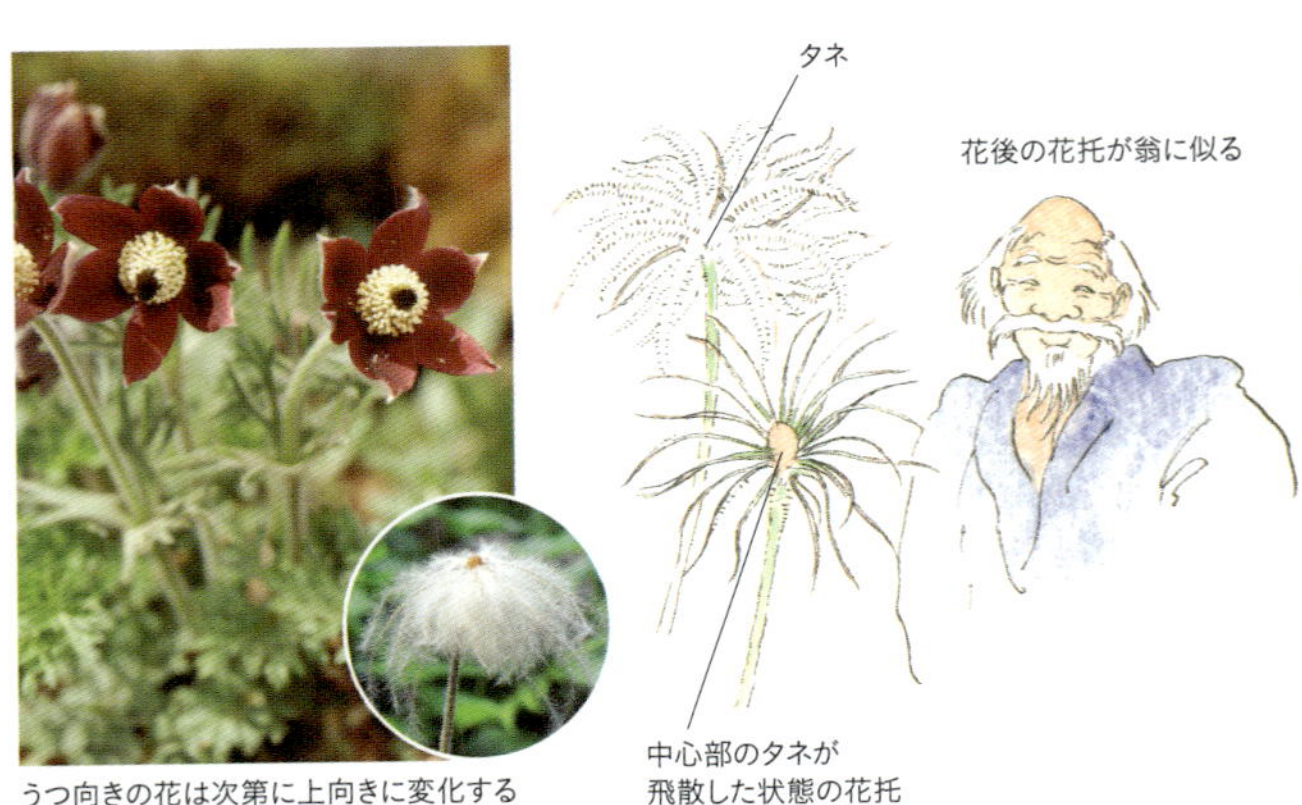

うつ向きの花は次第に上向きに変化する
(下)名前の由来になった白い毛と花托

春に花が咲く。内側が赤紫色で、外側に白い毛がいっぱい生えた、美しい花がうつ向きかげんに咲く。その花が終わると、タンポポの綿毛のような白い毛に変化する。白い毛の根元のところに、タンポポと同じようにタネがつく。その白い綿毛の固まりの中心部分、真ん中の毛が風で飛んでいくと、タネがついていた部分(花托とか花床という)が見えてくる。それがちょうど、おじいさんの頭のてっぺんの部分が禿げてしまい、周りに白髪が残った状態に見える。だから、"翁草"である。この草は、古文書にたくさん出ているので、多くの人々に知られていた花であるといえる。

オククルマムグラ → ヤエムグラ(P239)

【筬葉草】オサバグサ

Pteridophyllum racemosum

オサバグサの葉を、縦に2つに切り分けると、機織りの"筬"に似ることから名づけられた。

分類 ケシ科オサバグサ属
分布 東北、中部地方
環境 亜高山帯の森の中
花期 5～8月

花には白い花びらが4枚あり、花柄が長い。花茎の高さ20～30cm

日本髪の櫛を大きくしたような形のものに、機織りの道具の"筬"がある。縦糸の位置を整えて、横糸を織っていくのに用いる。これは、竹を薄く割いて櫛の歯のように並べて、枠に入れたもの。この形が名前の由来と思われる。

オサバグサの葉は、シダのような葉で、真ん中に筋があり、左右に羽状に葉がつく。葉を真ん中で分け、その片側の半分を見てみると、ちょうど、この筬のように思えてくる。

同じようなことがいえる花に、オサランというものがある。これは、短い棒状の茎(偽鱗茎)が並び、まるで櫛の歯が列をなすように見える。それがちょうど筬のように思えて、この名前がある。

オダマキの仲間

【苧環】
Aquilegia spp.

距のある花を“苧環”に見立てたが、“オダマキ”の名前は誤用。

概要
オダマキはキンポウゲ科オダマキ属の総称である。5本の距が目立つ花を春～夏にぶら下げるように咲かせる。なお、フウリンオダマキはキンポウゲ科オダマキモドキ属である。

ヤマオダマキ。吊り下がって咲く

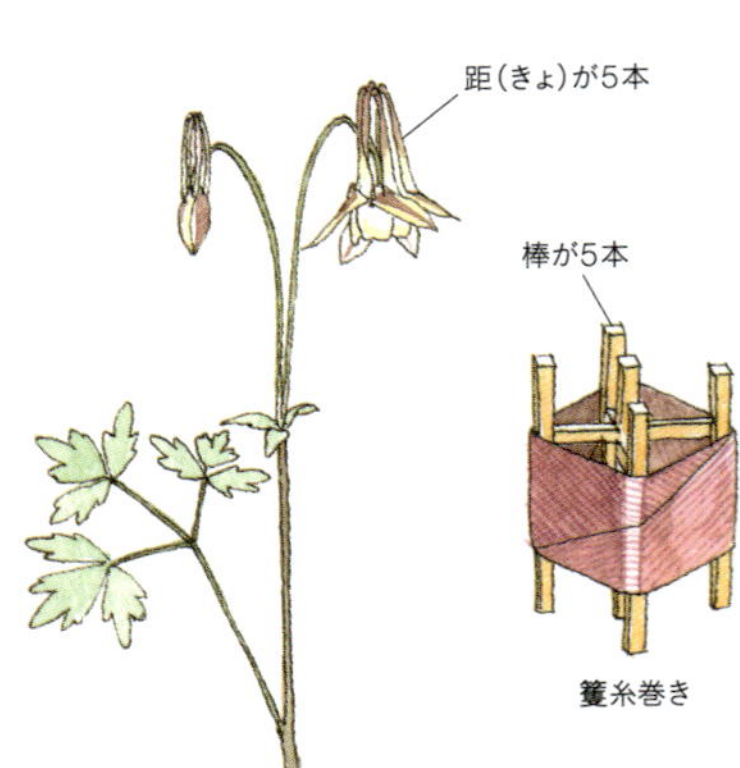

▲オダマキ類のイメージ

麻や苧(からむし)などの繊維を細く裂き、縒(よ)り合わせて糸状にする。それを、ただ単にぐるぐると巻いて、丸い形にしたものを〝苧環(おだまき)〟という。残念ながら、この状態では、ヤマオダマキやミヤマオダマキの花のどの部分にも似ていない。

苧環とは違って、籆(わく)糸巻きというものがある。木枠の柱が5本あり、この木枠に糸を巻いていくもので、糸を巻くとヤマオダマキやミヤマオダマキの花に似る。花の後ろに距(きょ)という尻尾のようなものが5本出ている。籆糸巻きにも5本の柱があり、そこが似る。

本来ならば、〝糸巻き草〟〝籆糸巻き草〟と名前をつけるのが正しいが、命名者は籆糸巻きも苧環も同じであると誤解して、オダマキという名前を使ったと思える。

ヤマオダマキ【山苧環】

別名／キバナノヤマオダマキ

Aquilegia buergeriana

北海道～九州の日当たりのいい山地、草原、森のふちなどに自生。花期は6～7月。

山地や浅い山、丘に自生するオダマキに〝ヤマ〟とつけた。

標準花は紫色と黄色である。高さ30～60cm

花が黄色いものはキバナノヤマオダマキという

ミヤマオダマキ【深山苧環】

Aquilegia flabellata var. *pumila*

北海道～中部地方の高山帯などの岩間の斜面、草むらに自生。花期は5～8月。

〝ミヤマ〟は自生地の高山を示す。

青紫の花が咲く。高さ10～15cm

距(きょ)が5つあり、糸巻きに似る

白っぽい花びらは距とつながる

手のひら形が3枚ずつ

フウリンオダマキ【風鈴苧環】

別名／オダマキモドキ

Semiaquilegia ecalcarata

中国原産。チベットなどの標高の高い山地に自生。日本では栽培される。花期は5月。

距がない丸い花が吊り下がっている様子を〝風鈴〟に見立てた。

花はオダマキに似るが、距がない。葉もオダマキに似る。高さ20～30cm

オドリコソウ
【踊子草】
Lamium album var. *barbatum*

櫓（やぐら）の上で花笠をかぶった娘たちが踊っているかのように見える。

分類 シソ科オドリコソウ属
分布 北海道～九州
環境 野山の木陰の草むらや林の中に群生
花期 4～6月

三角状の葉は先が尖り、茎に対生する。茎は枝分かれしない。高さ30～60cm

踊り子

8月中旬の旧盆の頃、町や村の若い衆たちが櫓（やぐら）を組み、盆踊りの舞台を作った。暑い夜、浴衣に着替えた人々が櫓のある広場に集まってくる。提灯の数が増え、広場が明るくなる。

いつの間にか、櫓の上には花笠をかぶった若い娘たちが並んでいた。笛、太鼓、鉦（かね）などのお囃子（はやし）が始まり、娘たちがしなやかに踊り始める。こんな情景を思わせるような草が、このオドリコソウ。花のひとつひとつに花笠のような部分があり、葉の基部のところから、茎をとり巻くように数個の花がついている。

この草の古名〝波見（はみ）〟は〝食（は）み〟のこと。花を口を開けた蛇に見立てた。もうひとつの古名は〝於（お）に乃也加良（のやがら）〟。枝分かれしない茎を〝鬼の矢柄（やがら）〟にたとえた。

オニタビラコ

【鬼田平子、黄瓜菜】

Youngia japonica

田で葉を平らに広げ、タンポポの子のような草なので"田平子"。大きく、紫色なので"オニ"。

分類 キク科オニタビラコ属
分布 日本各地
環境 街角、空き地、荒地
花期 5～10月

茎は太く直立する。高さ50cmほど
(下)花はタンポポより小さい

名前の由来は、"オニ"と"タビラコ"の2つに分けて考える。"オニ"というのは、この場合は、大きいとか、少し紫色を帯びているという意味。赤鬼というような意味もあるかもしれない。"タビラコ"は、漢字で書くと"田平子"。これは、田んぼだとかあぜ道などに葉が放射状に平らに生えることで、"コ"というのは、ドジョッコ、フナッコのような意味合いの"コ"だと思う。田んぼに平らに咲く草、というような意味合い。タビラコというのは、春の七草のホトケノザのことである。ただし、シソ科のホトケノザとは異なる。

オヘビイチゴ → ヘビイチゴ(P221)

オヤブジラミ
【雄藪虱】
Torilis scabra

"ヤブジラミ"に比べて、紫色を帯び、冬の寒さに耐えて春に咲くので、"雄"がついた。

分類 セリ科ヤブジラミ属
分布 日本各地
環境 野原、山村の道端、低山の山道沿いなど
花期 4～5月

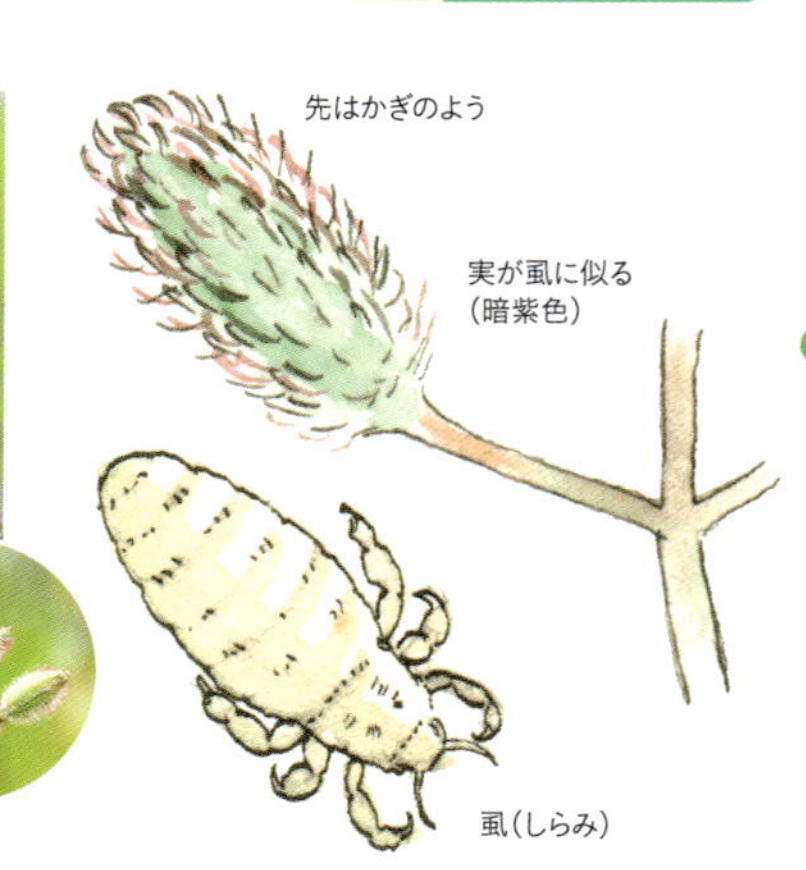

（上）花は白っぽい。花柄はヤブジラミと比べると長く、まばらな感じがする　（中）日なたでは実が紫色を帯びる　（下）ヤブジラミ

オヤブジラミの〝オ〟というのは、雄雌の〝雄〟。ヤブジラミに対して、雄という名前がついた。その理由は、第1に、オヤブジラミのほうが紫色を帯びていて、男のイメージをもつ。第2に、オヤブジラミは、秋に発芽して、冬の寒さを乗り越えて、春に花が咲く。冬を越すことができ、強いという意味がある。ヤブジラミは、藪に生え、さらに、実が虱（しらみ）の形とちょっと似て、人間や動物にもくっつくことから名前がついている。

オ

カキツバタ

【杜若、燕子花】

Iris laevigata

花を摘んで絞り、その色汁を紙に書きつける花摺りに用いた草。

分類 アヤメ科アヤメ属
分布 北海道〜九州
環境 湿地帯、池、沼のほとり
花期 5〜6月

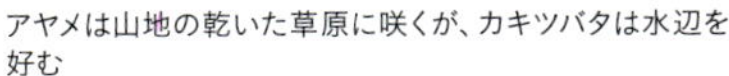

アヤメは山地の乾いた草原に咲くが、カキツバタは水辺を好む

『万葉集』などの文献に登場する。アヤメと異なり、花びらに網目がない

カキツバタは、奈良時代から知られており、特にカキツバタの汁で着物を染めるということで利用されてきた。いわゆる草木染めというのだろうか。このカキツバタを布に押しつけて染めたという意味で、〝搔付花〟あるいは〝書付花〟の文字が当てられている。このあたりが語源ではないかと思われる。カキツケバナの〝バナ〟が〝バタ〟になって、〝ケ〟がとれたというのが、定説である。この草の古名は〝加岐都波多〟、または〝垣津幡〟など。万葉集にも登場し、昔からカキツバタの名前があったとわかる。

カ

カキドオシ

【垣通し、籬通】

別名／ツボクサ（坪草、壺草）

Glechoma hederacea ssp. *grandis*

つる性の茎が伸び、垣根を越えて隣の庭へ侵入することがあるので“垣通し”の名前に。

分類 シソ科カキドオシ属

分布 北海道〜九州

環境 低山などの道端、空き地

花期 4〜5月

春は茎が立ち、唇形の花を咲かせる。下唇に濃い斑紋がある。高さ10〜20cm

垣根を越えてきたカキドオシ。花後はつる状になり成長する。この個体は葉に斑が入っている

カキドオシとは、茎が伸びて垣根を通り抜けるということから。また、坪草、壺草と書いて〝ツボクサ〟という名前で古くから呼ばれていたようだ。この〝ツボ〟という言葉は、庭というような意味合いなので、どこにでもあった草という意味だと思う。葉が丸くて銭のようで、その葉がつる状の茎に連なるので、〝連銭草〟ともいわれ、子どもの癇（かん）に効くので、〝カントリソウ〟とも呼ばれた。現在は、カキドオシに落ち着いている。

カキノハグサ

【柿の葉草】

Polygala reinii

葉が“柿の葉”に似ていることから、“カキノハグサ”の名前がついた。

分類 ヒメハギ科ヒメハギ属
分布 東海～近畿
環境 山の林の中
花期 5月

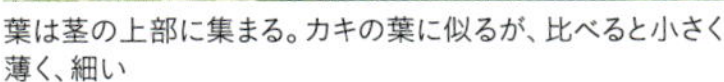

葉は茎の上部に集まる。カキの葉に似るが、比べると小さく薄く、細い

花の外側に黄色いがくが5枚あり、そのうち2枚が特に大きい。高さ25～35cm

カ

この植物の葉をちょっと見ると、柿の葉に似ていることから、カキノハグサという名前がついている。しかし、実際に柿の葉をとってよく見ると、この葉よりも大きくて丸みがあり、厚手であり、かなり違っている。しかし、印象的には柿の葉に見えると思う。このカキノハグサの葉には、丸い感じのものもあるが、細いものもあり、それを〝長葉のカキノハグサ〟と呼ぶ。実際には中間的なものもあって、長葉、あるいは丸葉というふうには区別はつけられない。

葉の形で名前をつけられた植物は、ササバランやトチバニンジンなどがあり、かなり多い。

カザグルマ

【風車】

Clematis patens

草藪(くさやぶ)の中で大きな8枚の花びらをつけた姿は、江戸時代の玩具の"風車"に似る。

分類 キンポウゲ科センニンソウ属

分布 本州、四国、九州

環境 低い山の日当たりのいい藪

花期 5〜6月

花びらに見えるものはがく。つる性低木で、つるは2〜3m伸びる

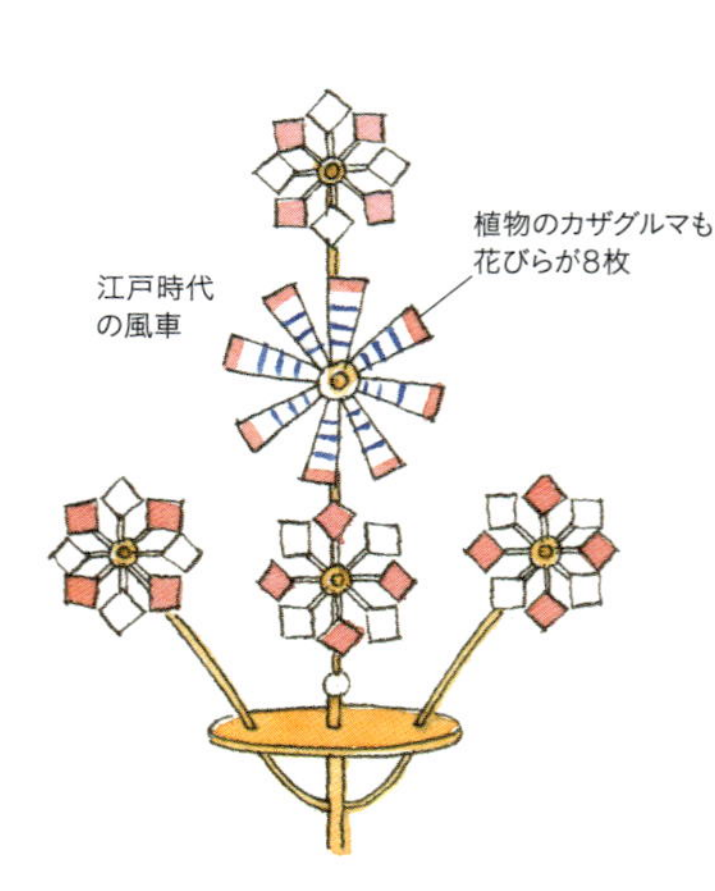

風車というのは、竹の先に紙の車輪をつけて、風で回す子どものおもちゃ。江戸時代のおもちゃに、その風車が4つか5つ、ついているのがある。紙の羽根の部分を見ると、8枚で構成されている。

草のカザグルマの場合にも、花びらが8枚あり、さらに、花がつるの先につく。ひとつだけではなく、いくつもの花を咲かせている状態は、ちょうど、おもちゃの風車に似ている。名前の由来はそんな草姿から連想してつけられたのではないかと思う。

カスマグサ → カラスノエンドウ（P71）

カタクリ

【片栗、片籠】

別名／カタカゴ

Erythronium japonicum

片葉の葉に鹿の子模様が入るので、“片葉鹿の子”。それが“カタカゴ”“カタクリ”と転訛。

分類 ユリ科カタクリ属

分布 北海道〜九州

環境 山地の雑木林の中

花期 3〜4月

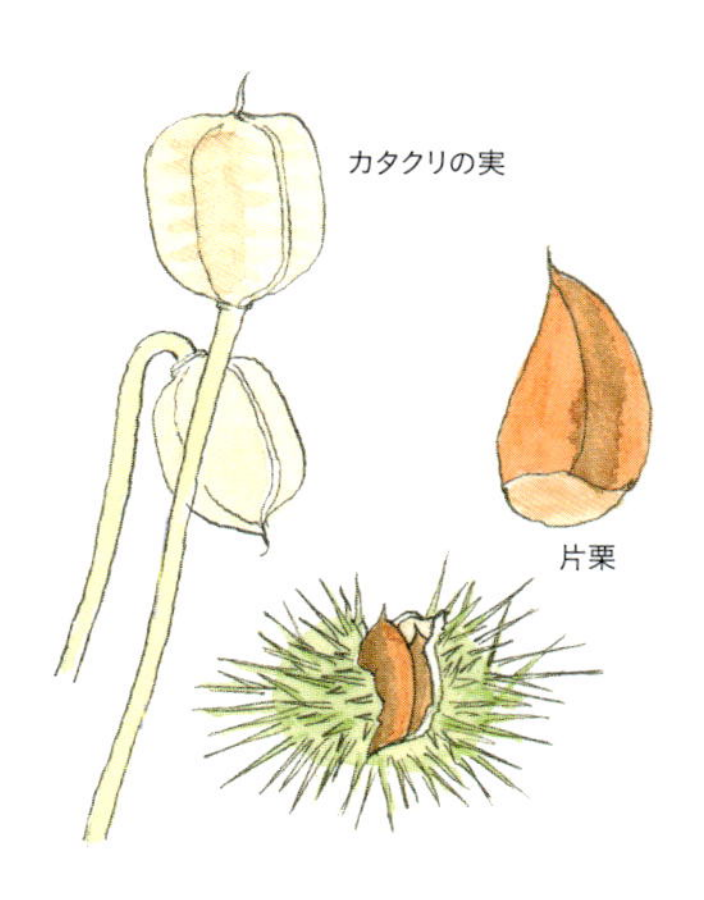

北国に春を告げる花。花が開くと、次第に花びらは反転する。高さ10〜20cm

花が咲かない葉に、鹿の子模様がはっきりと現われることから、片葉の鹿の子で、〝片葉鹿の子〟が〝カタカゴ〟になり、転訛して、〝カタクリ〟になったという説がある。

次に、加えたい説がある。カタクリは、花後に実がつき、重そうに垂れることが多い。そのカタクリの実は、いがの中にあるひとつひとつの栗の実(タネ)に似ている。栗の実のひとつだから〝片栗〟という説。

なお、『万葉集』の大伴家持の歌「もののふの　やそ乙女らが　くみまがう　寺井の上の　堅香子の花」の堅香子の花には、コバイモ説があるが、カタクリが情景にふさわしい。

カタバミ【傍食、酸漿草、酢漿草】

別名／スイモノグサ
Oxalis corniculata

日が陰ったりすると、葉が折りたたまれた形になり、片側が食まれたかのようになる。

道端や庭、畑でふつうに見かける　（下）暗くなると葉を閉じる

花は黄色

タネは熟すと周辺に飛散する（仲間に共通する性質）

▲カタバミ

カタバミは、日が陰ったり、夜間になって暗くなると、葉が折りたたまれたような形になる。これを睡眠運動という。通常は、ハート形の小葉を3枚ずつつけ、茎のところから葉柄を伸ばして広げているが、睡眠運動を始めると、小葉を閉じて葉の片側がなくなったように見える。

また、片(傍)側が食べられたようにも見える。食べるというのは、古いことばで〝食む〟という。片側がないので、〝傍食〟という名前がついている。

別名もたくさんある。そのなかで一番多く本に登場するのが、酸漿草。葉だとか茎をかじってみると、酸っぱいので

カ

分類 カタバミ科カタバミ属
分布 日本各地
環境 庭先、市街地の道端など
花期 5～9月
仲間 ミヤマカタバミ(深山傍食)は山地に自生し、ほかのカタバミと区別するために〝ミヤマ〟がつく。コミヤマカタバミ(小深山傍食)はミヤマカタバミに似て、小さいので〝コ〟がつく。イモカタバミ(芋傍食)は小芋をつくって殖える。南米原産で、市街地などに生える。ムラサキカタバミ(紫傍食)の花は紅紫色である。同じく南米原産で関東地方以西に広く野生化している。

類似種との見分け方

▼ミヤマカタバミ

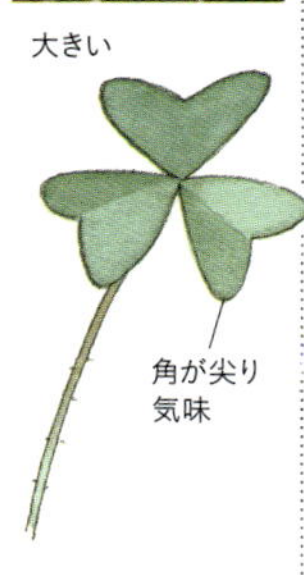

▼コミヤマカタバミ

▼イモカタバミ

花弁は赤紫色
花粉は黄色

▼ムラサキカタバミ

花弁は赤紫色
花粉は白色

この名前で呼ばれている。また、この葉で鏡を磨いたということから、鏡草といった名前もある。

カタバミ類は街中でよく見かけるが、山地に自生する種類もある。ミヤマカタバミは深山だけでなく、低い山にも自生があるが、市街地で見られるカタバミ類と区別するために、〝ミヤマ〟という名前がついたと思う。特徴として、地際にある太い根茎に、古い葉の葉柄の跡がたくさん残っていること、葉の尖り具合が比較的鋭角であることが挙げられる。亜高山帯に自生するコミヤマカタバミは葉が丸く、鈍角の感じがする。

カッコソウ【勝紅草、羯鼓草】

Primula kisoana

"羯鼓"の片面が、カッコソウの花と似るためか？あるいは、"勝紅草"がなまったのか？

分類 サクラソウ科 サクラソウ属
分布 群馬県の鳴神山
環境 山地の林内
花期 4〜5月

葉は長い柄がありしわしわ。花茎の高さ20〜40cm

喉部に赤黒い輪
葉や茎に毛が多い
喉部に紅紫色の輪
▲カッコソウ
▲シコクカッコソウ

この名の由来は難しくて、はっきりしたものはない。鼓の一種で〝羯鼓〟というのがある。雅楽だとか田楽、あるいは伎楽（大和朝廷時代、百済から伝わった楽舞）などに使う楽器で、この〝羯鼓〟の撥で打つ片側の部分が、カッコソウに似ていることから、名前の由来になったのではなかろうか。これが私の第1の説。

もうひとつの説は、〝勝れた紅色の草〟の意味から、〝勝紅草〟と書く名前がある。カッコソウというのは、見た目に美しいすぐれた紅色の花だと思うので、カッコウソウと呼んでいたのではないかと思う。その後に〝ウ〟が取れてカッコソウになった。これが第2番目の私の説である。

なお、四国の愛媛や徳島に分布する仲間にシコクカッコソウがある。

カテンソウ

【花点草】

Nanocnide japonica

まるで花が点のように見えるので"花点草"。蕾がかたまった状態を花点とはいわない。

分類 イラクサ科カテンソウ属
分布 本州、四国、九州
環境 野原や丘、低山などの林の中、森のふち、道端など
花期 4～5月

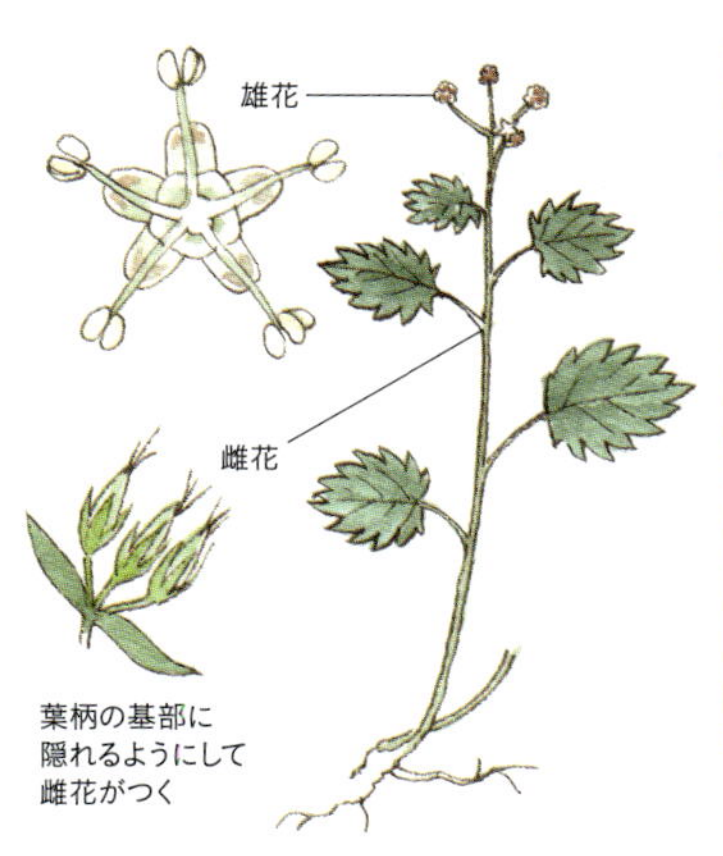

葉柄の基部に隠れるようにして雌花がつく

三角状の葉が茎に互生する。下の方に開いた雄花が見える。高さ10～30cm

〝花点草〟という漢字が使われている。カテンソウをよく見ると、いちばん上の部分に花がある。花がまだ開いていないときは、丸いかたまりがいくつかついていて、時間が経つにつれ花柄が伸び、花が開き始める。

花びらが5枚。花の中から順番に長い柄を伸ばし、その先に花粉をつけたものが出てくる。1つ2つ3つと、次々に出て、5つ出てくる。その先端が、花粉がついた雄しべのやくである。

これは小さくて、まさに〝花点〟である。次に葉の下のほうを見ると、ちょうど、脇に小さなかたまりがある。これが雌しべ。雌しべは、柄がないので、いつも葉の脇のところにくっついたまま。この場合も、花が点のようだと言えないこともない。

カニクサ

【蟹草】

Lygodium japonicum

この草で"カニ"釣りをしたこと、またはカニの横這いのように伸びることが名前の由来。

分類 カニクサ科カニクサ属
分布 福島県〜沖縄
環境 日当たりのいい丘の斜面や山道沿いの草むらなど

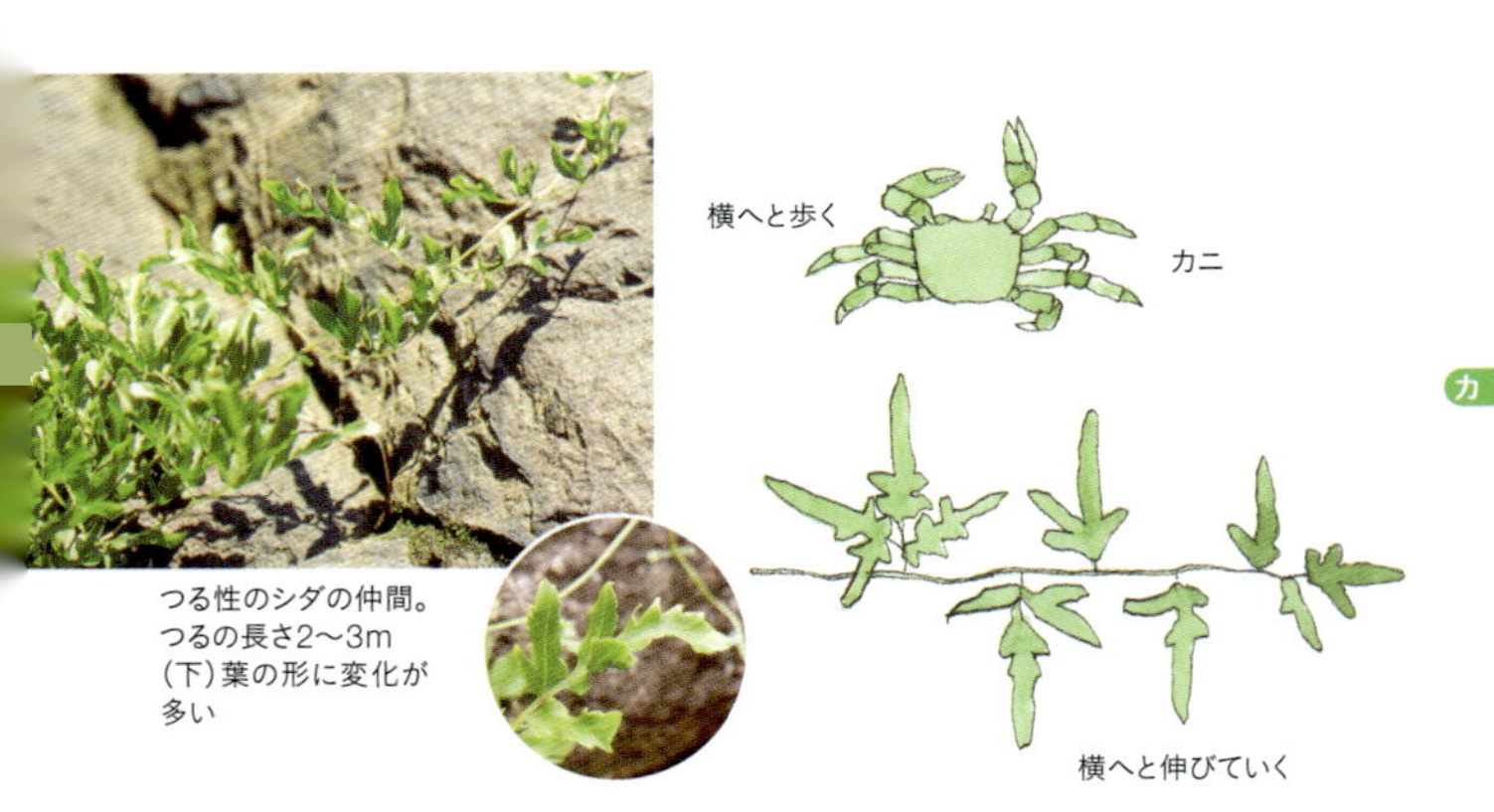

つる性のシダの仲間。つるの長さ2〜3m
(下)葉の形に変化が多い

名前の由来については、2通りの説がある。第1は、子どもがカニを釣るのにカニクサを使ったことから。第2は、つる状のシダがどんどんと、カニの横這いのように伸びていくことから、"カニクサ"という名前がついたという。

どうやら、最初の説のほうがそれらしく思えるが、植物を覚える場合、カニの横這いになぞらえたほうが覚えやすいかもしれない。

なお、この草には、"三味線草"の別名がある。つる状のシダを2人で強く引っ張るとピンと張る。それを手ではじくとブーンブーンと音が出ることで、この名前がついた。

カヤラン

【榧蘭】

Thrixspermum japonicum

葉の形や大きさが、樹木の“カヤ”の葉と似ることから名づけられた。

分類 ラン科カヤラン属
分布 東北〜九州。太平洋側に多い
環境 沢沿いの苔むした木の幹など
花期 3〜5月

カ

▲カヤ

樹幹に着生する根

花

▲カヤラン

早春に大きな花びらが5枚の黄色い花が咲く。草姿の長さ5〜10cm

カヤという木の葉とカヤランの葉が似ている。カヤランの葉はよく見ると、細長い葉が茎に互い違いについている。葉は、堅い感じがして、葉の真ん中に縦に溝がついている。

一方、カヤは、細い楕円形の葉が茎に対して、向かい合ってついているが、この両者の葉の形態が、一見よく似ていることが分かる。ところが、カヤは木で、カヤランのほうはランである。科や属もまったく違う。このように、ある植物のお手本があって、そのお手本の一部に似ているということから名前がつけられた植物名はいくつもある。たとえば、モミジガサ。これはキク科の草だが、モミジという木の葉によく似ていて、モミジガサの名前がついている。

カラスノエンドウ【烏の豌豆】

別名／ヤハズエンドウ
Vicia sativa

人間の食べる"エンドウ"より小さく、スズメノエンドウより大きいので、"カラス"。

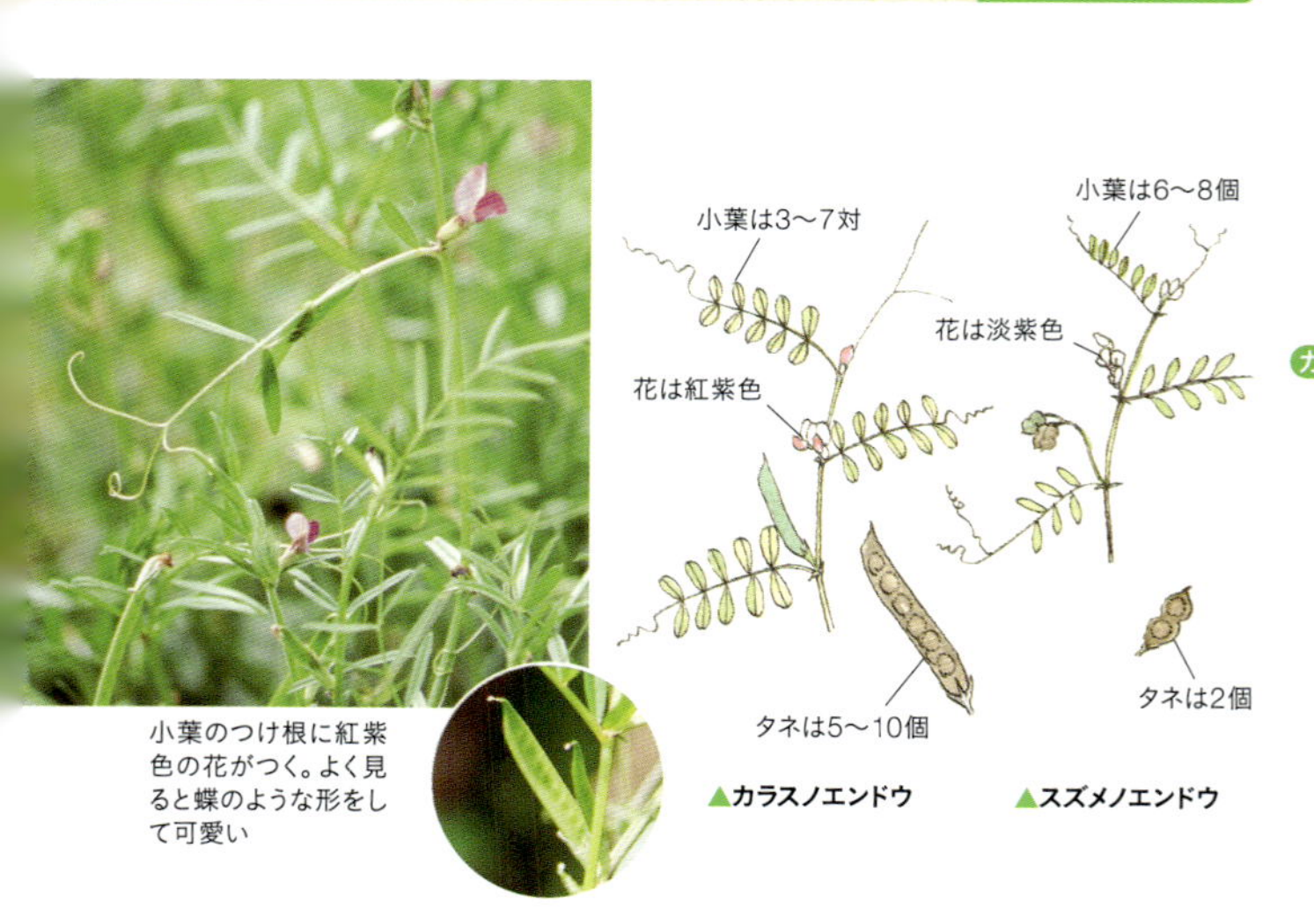

小葉のつけ根に紅紫色の花がつく。よく見ると蝶のような形をして可愛い

〝カラス〟というのは、昔は、物の大きさのたとえに使っていたと思う。カラスノエンドウに対してスズメノエンドウ、カラスウリに対してスズメウリという具合。〝カラス〟より〝スズメ〟がうんと小さくなる。スズメよりも小さいものは〝ノミ〟といっていた。カラスよりも大きい、あるいは人間のものよりも大きいものは、〝鬼〟。人間が使う弓矢の矢柄（やがら）よりも大きいものは〝鬼のやがら〟になる。

さて、カラスノエンドウの由来の第1の説は、大きさを例えて〝カラス〟を使ったということだが、2番目は、このカラスノエンドウの実が、やが

分類 マメ科ソラマメ属
分布 本州〜沖縄
環境 都市の草やぶ、農村の道端、空き地、山道沿いなど
花期 3〜6月
仲間 スズメノエンドウ(雀の豌豆)はP135参照。カスマグサ(かす間草)はカラスノエンドウとスズメノエンドウの自然交雑種。柄に花が1〜3個だけつく。ハマエンドウ(浜豌豆)はP201参照。エンドウ(豌豆)は本文参照。

▼カスマグサ

▼ハマエンドウ

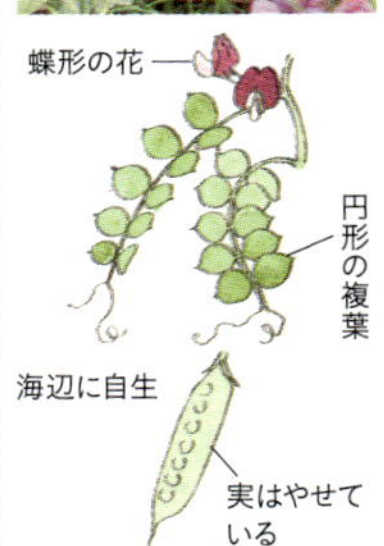

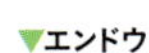

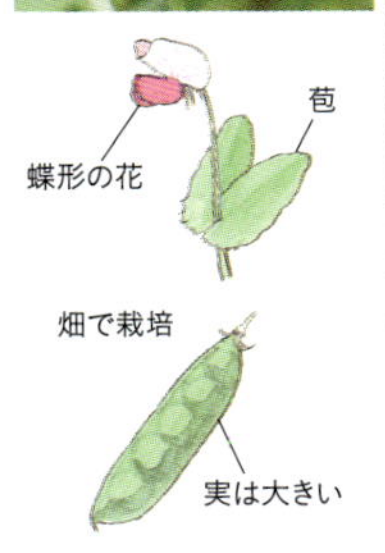

て真っ黒になることから〃カラス〃という名前がついたという説。これら両説のなかでは、大きさのたとえで〃カラス〃を使った最初の説が当たっていると考えたい。

さらに、〃エンドウ〃という名前だが、これは栽培植物、野菜のエンドウのこと。欧州原産の1年草または2年草で、食用としてよく食べられている。

〃エンドウマメ〃は、ほかの野生の豆と区別するために、丸い豆という意味から、円豆(えんず)と呼んでいたわけだが、円豆のうち、豆(ず)を〃とう〃と読み、エンドウになったのではないかと思う。

カラスビシャク【烏柄杓】

別名／ハンゲ
Pinellia ternata

仏炎苞（ぶつえんほう）は"柄杓（ひしゃく）"のようだ。ただし、人間が使う柄杓より小さいので、"カラス"。

分類 サトイモ科ハンゲ属
分布 日本各地
環境 畑の中や畑のあぜ道
花期 5～8月

葉は3つに分かれる

花の中から付属体と呼ばれるひもが出てくる

カラスビシャクには、頭巾形の花がある。これは〝仏炎苞（ぶつえんほう）〟という。仏像の背後に炎形の装飾（光背（こうはい）という）があり、その装飾に似ているということで、〝仏炎〟。これは葉が変化したもので、〝苞（ほう）〟という。仏炎苞を柄杓（ひしゃく）に見立てると、人間のものよりも小さい。それで〝カラス〟がつく。

カンスゲ【寒菅】

Carex morrowii

冬も葉が枯れないので、"寒（かん）"がついた。早春に咲く常緑の"スゲ"。

分類 カヤツリグサ科スゲ属
分布 福島～九州
環境 山の林の中や森のふち
花期 4～5月

渓流沿いの湿った斜面に多い

花茎の先に小さな穂がつく

〝カン〟という言葉は、冬という意味で、冬でも葉はちゃんと生きているということである。〝スゲ〟というのは、カヤツリグサ科のスゲ属の仲間を指す。葉が非常に細く、茎がしっかりしている。笠や蓑（みの）をつくる材料になるものもあるということで、〝スゲ〟という名前がついている。

カントウタンポポ → タンポポの仲間（P157）

コラム

カンアオイの名前がつく植物

冬に葉は枯れない。寒い時期に花が咲く。フタバアオイの葉に似るので、〝寒葵〟という。

地際で柿のへたのような花を咲かせる。花びらに見えるのは、がく片である。がく片の背後に壺形の器管がある。これをがく筒という。この中に雄しべ、雌しべがある。

コシノカンアオイは北陸などに分布。肉厚で暗紫褐色の大きな花。カントウカンアオイは関東から近畿まで分布。がく筒の穴の周囲に覆輪（ふくりん）が入り、がく片が軽く反転。マルミカンアオイは宮崎県に分布し、がく筒は丸い（写真は標準花と異なる緑花）。オナガカンアオイも、宮崎県に分布。がく片が長い。冬季に落葉する近縁種には、カンアオイの仲間とがく筒の中が異なる次の2種がある。フタバアオイは、各地の山林で、電気の笠形のような花を咲かせる。ウスバサイシンは、各地の山林で、太鼓形のがく筒をつけた花を咲かせている。

▼カンアオイの仲間

コシノカンアオイ

カントウカンアオイ

マルミカンアオイ

オナガカンアオイ

▼近縁種（落葉性）

フタバアオイ

ウスバサイシン

▼カンアオイの花

がく（花びら状）

雌しべ6個（または3個）

雄しべ6〜10個

がく筒

▲がく筒内側の模様

カ

キエビネ → エビネ（P39）

キキョウソウ

【桔梗草】

別名／ダンダンギキョウ（段々桔梗）

Triodanis perfoliata

"キキョウ"の花より小さいが、少し似ているので、キキョウソウと名づけた。

茎は枝分かれしない。高さ30〜80cm
（下）実と葉。円形または卵形の葉は長さ1.5cm

キキョウソウは外国産の1年草で殖えやすい。各地で広く野生化している草である。

"キキョウ"の名前がつくとおり、キキョウを小さくしたような花をつける。また、別名に"ダンダンギキョウ（段々桔梗）"と名づけられているように、茎の途中に花と葉を段々にいくつもつける。

さて、"キキョウソウ"の名前だが、花が少しだけ似ていることで"キキョウ"の名前を借りてしまった草と思えるが、キキョウとの共通点は花の色のほかに見つからない。

ところで、キキョウという言葉については、次のように思われる。

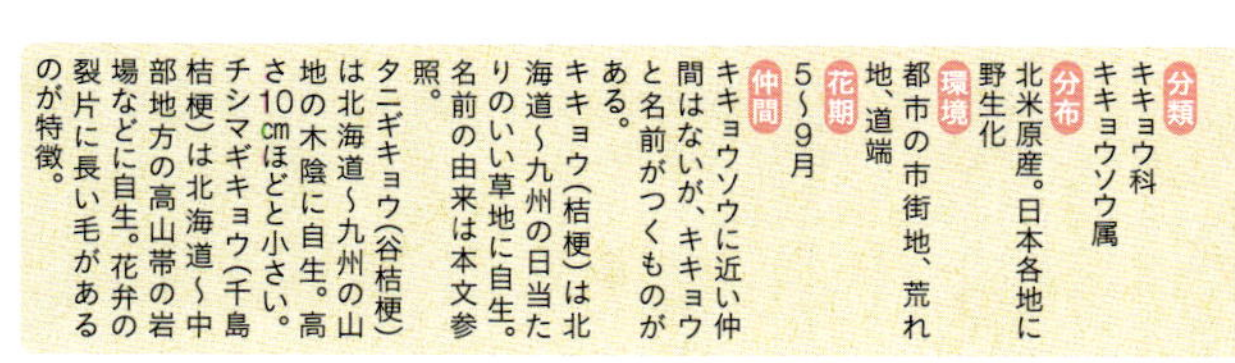

分類 キキョウ科 キキョウソウ属
分布 北米原産。日本各地に野生化
環境 都市の市街地、荒れ地、道端
花期 5～9月
仲間 キキョウソウに近い仲間はないが、キキョウと名前がつくものがある。キキョウ(桔梗)は北海道～九州の日当たりのいい草地に自生。名前の由来は本文参照。タニギキョウ(谷桔梗)は北海道～九州の山地の木陰に自生。高さ10㎝ほどと小さい。チシマギキョウ(千島桔梗)は北海道～中部地方の高山帯の岩場などに自生。花弁の裂片に長い毛があるのが特徴。

類似種との見分け方

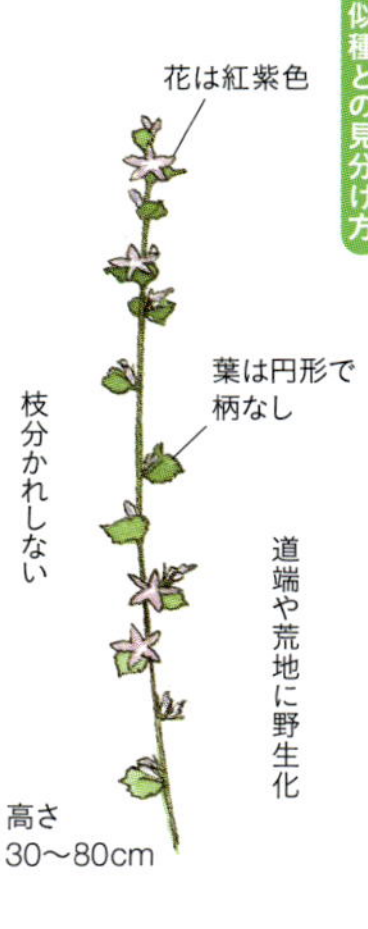

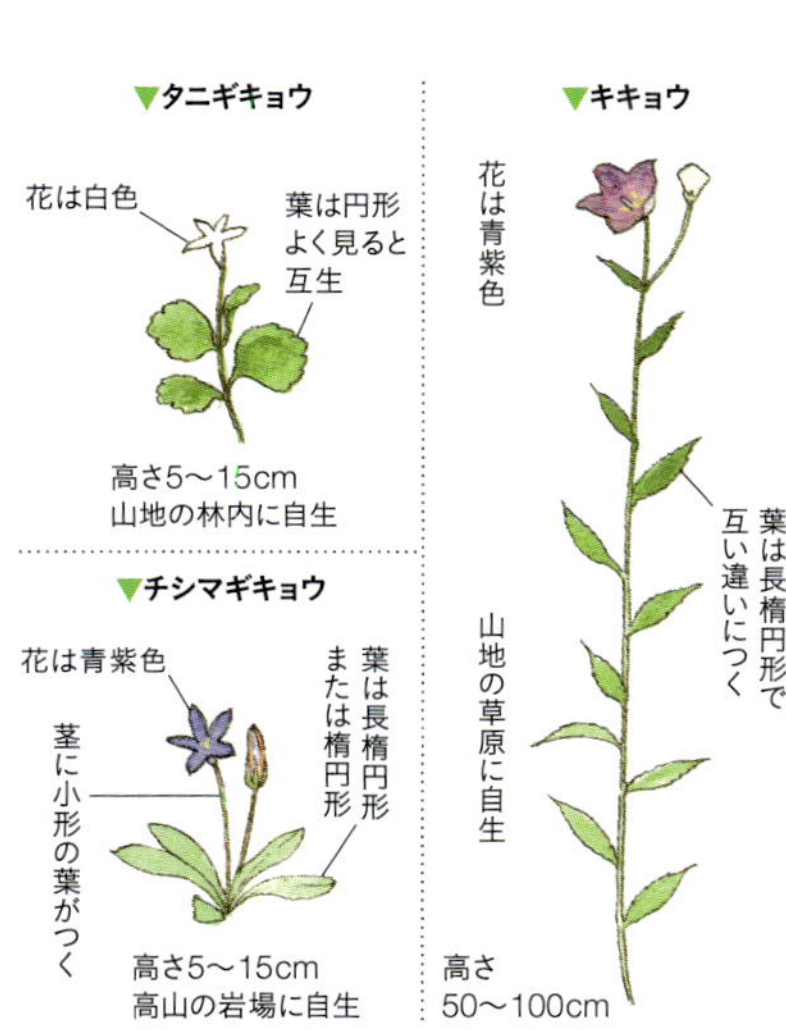

キ

中国名で〝桔梗〟と書く。これがもとになっていて、これを音読みしたのである。はじめは、〝桔梗〟というのを〝キツコウ〟と読んだ。その後、キキョウ、キキャウ、それから〝キキョウ〟となったというのが、だいたいの説である。そのほかキキョウについては、〝オカトトキ〟という別名もある。〝トトキ〟というのは〝シャジン(沙参)〟を意味する。シャジンというのは、キキョウ科の美しい花を咲かせる仲間(イワシャジンなど)で、高麗人参の根と似ているから、この名前がついた。

キクザキイチゲ

【菊咲一華】

別名／キクザキイチリンソウ

Anemone pseudoaltaica

花の咲き方が"菊"のよう。1つの花を咲かせるので"イチゲ"とついた。

花弁状のがくが10～12枚ある。高さ15～25cm　(下)花のない株の葉

がくが花弁状

キクザキイチゲはキンポウゲ科だが、花びらがキクのような形で咲いている。そういう意味で〝キクザキ〟、花は1つつけるので〝イチゲ〟の名前がついた。

ところで、キンポウゲ科とキク科の大きな違いは何かご存知だろうか。それは、花の後ろを見るとわかる。キンポウゲ科のキクザキイチゲは、がくに相当する緑色の部分がない。花びら状のものだけである。ところが、キク科の後ろ側には、がくに相当する緑色のものがある。これが、双方の大きな違いである。この緑色の部分を総苞（そうほう）といい、ひとつひとつは小さい葉のようなもの

分類 キンポウゲ科 イチリンソウ属
分布 北海道～近畿
環境 標高の高い涼しいところや多雪地の落葉樹が生える斜面など
花期 2～4月
仲間 アズマイチゲ(東一華)はP10参照。ユキワリイチゲ(雪割一華)は雪を割って"華"の花を咲かせることから名前がつけられたが、実際には開花期に雪が降らない地域が多い。

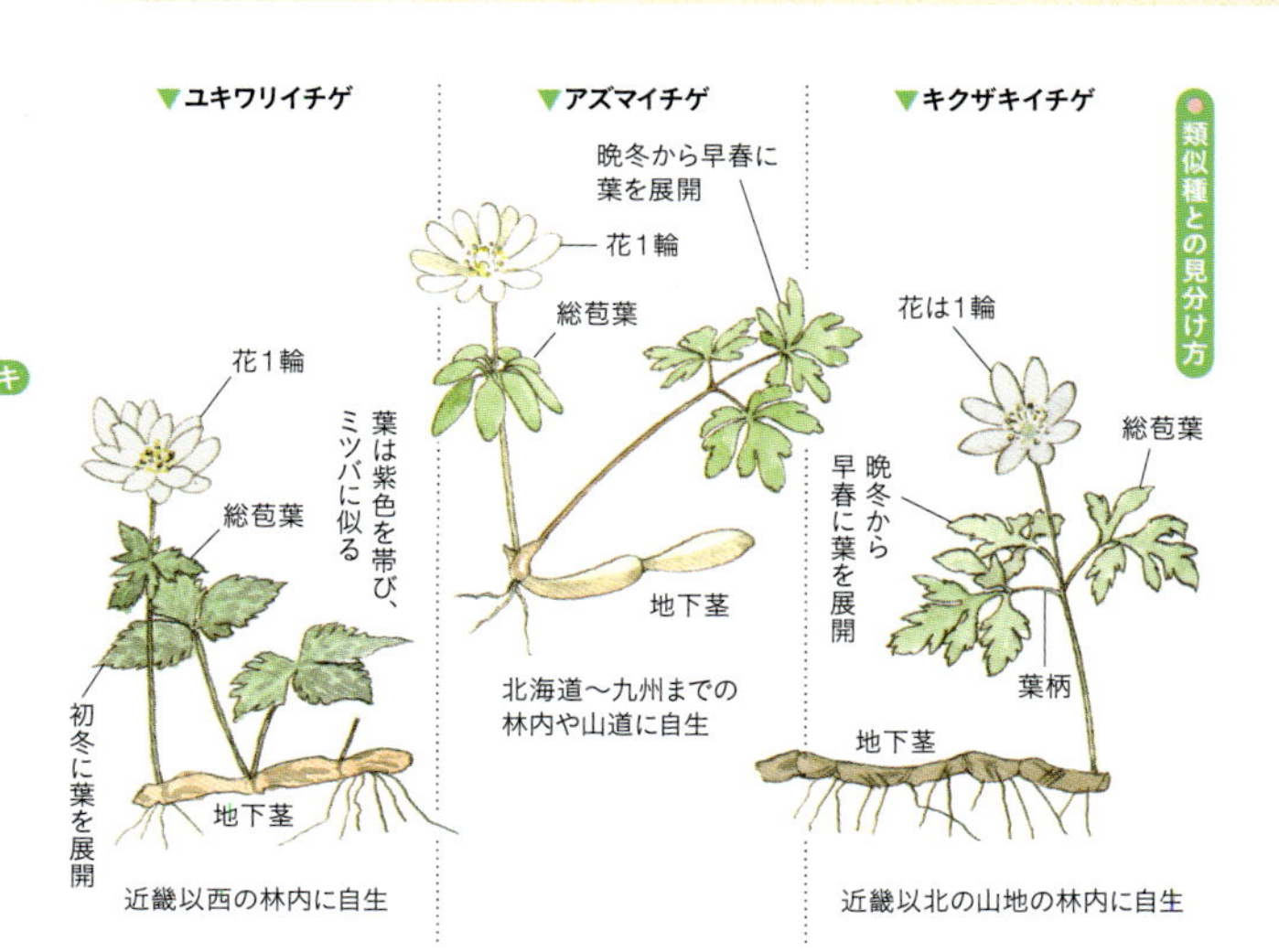

が集まり、瓦のような状態で構成されている。一方、キンポウゲ科の仲間には、その総苞がないということになる。

さらに、花びらを分解してみると、キク科は、花びらの基部のほうに、タネになる部分がついている。キンポウゲ科の場合はそれがなく、花びら状のものだけである。

なお、キンポウゲ科のなかで、1つの花しか咲かせない"イチゲ"とつく花には、どのようなものがあるだろうか。列挙すると、ヒメイチゲ、アズマイチゲ、ユキワリイチゲ、ハクサンイチゲなどである。

キクバオウレン → オウレンの仲間(P43)

ギシギシ

【羊蹄】

Rumex japonicus

花後の雌しべが、小さな牛の舌（関西の方言で“ギシギシ”という）に似てくることから。

分類 タデ科ギシギシ属
分布 日本各地
環境 市街地の道端や農村のあぜ道など
花期 5～8月

緑色の小さな花が多数つく。高さ40～100cm　(下)ギシギシの葉の基部

名前の由来については、はっきりしたことがわからない。最も有力な第1番目の由来は、京都辺りの方言という説。江戸時代の書物『物類称呼（ぶつるいしょうこ）』や『綱目啓蒙（こうもくけいもう）』などでは、〝ギシギシ〟は牛の舌を指す関西・京都辺りの方言だといっている。言葉尻のニュアンスがいまひとつわかりにくいが、この草の花後の雌しべが牛の舌に似ていることから〝ギュウジタ（牛の舌）〟といい、その言葉が転訛して〝ギシギシ〟になったと考えると、その説はうなずける。

2番目の説は、茎の上部にすき間がないほどぎっしり花がつくことから、〝ギシギシ〟となったのではないかというものだが、これは少し無理があるように思える。

キジムシロ

【雉蓆、雉筵】

Potentilla fragarioides

花後に葉が大きく展開し、"雉(きじ)"が休めるような広さになるので"キジムシロ"。

分類 バラ科キジムシロ属
分布 日本各地
環境 山、丘、山村などの道端、草むら
花期 5月

花後に葉が大きく展開する

花弁が5枚の黄色い花が咲く　(下)葉に小葉が5〜9枚つき、先端が大きい

この草は、花が終わると葉が大きく伸び、花が咲いているときと比べて、考えられないような大きな葉が放射状に広がる。広がった草姿を見ると、〝ムシロ〟を敷いたような、まさに〝雉(きじ)の休むところ〟に見える。ということから〝キジ〟〝ムシロ〟の名前がついている。

キジ科の〝雉〟は一年中日本にいる留鳥。農村や山村の近くに現われ、平地、丘、低い山の林や草むらなどで見かける。その雉がムシロとして使うだろうと想像して名前をつけたところが面白い。〝ムシロ〟というのは寝そべったり休んだりするための、藁(わら)でできた敷物のことをいう。

なお、変種のエチゴキジムシロも花後に大きく葉が展開する。エチゴキジムシロも草姿から〝雉のムシロ〟といえる。

キショウブ

【黄菖蒲】

Iris pseudacorus

花色から"キ"。"ショウブ"は平安時代の神事に使われた"アヤメ"に由来。

分類 アヤメ科アヤメ属
分布 欧州原産。日本各地に野生化
環境 湿地、小川、池
花期 5～6月

花は黄色で、外側の大きな花びらが目立つ

水辺に野生化しているものを見かける。葉は幅広い線形で長い。高さ50～110cm

黄色いアヤメに似た花が咲くので"キ"がつく。"ショウブ"の名前は、平安時代の神事にアヤメ(菖蒲)が使われていたことに由来する。

当時、サトイモ科の"ショウブ"を"アヤメ"といい、儀式に使われていた。その後、アヤメ科のハナアヤメが登場する。そして、ハナアヤメが"アヤメ"の名前になり、サトイモ科のアヤメ(菖蒲)は漢字を音読みにして"ショウブ"になった。ところが、"ショウブ"と"アヤメ"の和名が分かれたものの、"菖蒲"の漢字はそれぞれに残ってしまった。

ショウブの特徴は、葉の中央に縦に隆起した筋があることだが、アヤメ科のノハナショウブとハナショウブ、キショウブなどにもその特徴があり、ショウブの名前がつく植物の共通点は、この隆起した筋があることといえる。

キスミレ
【黄菫】
Viola orientalis
別名／イチゲキスミレ

黄花なので"キ"スミレ。高山でなく、低山や丘に咲く黄花種はこれだけ。

分類 スミレ科スミレ属
分布 静岡・山梨～九州の限られた地域
環境 日当たりのいい草むら、山道沿い
花期 3～4月

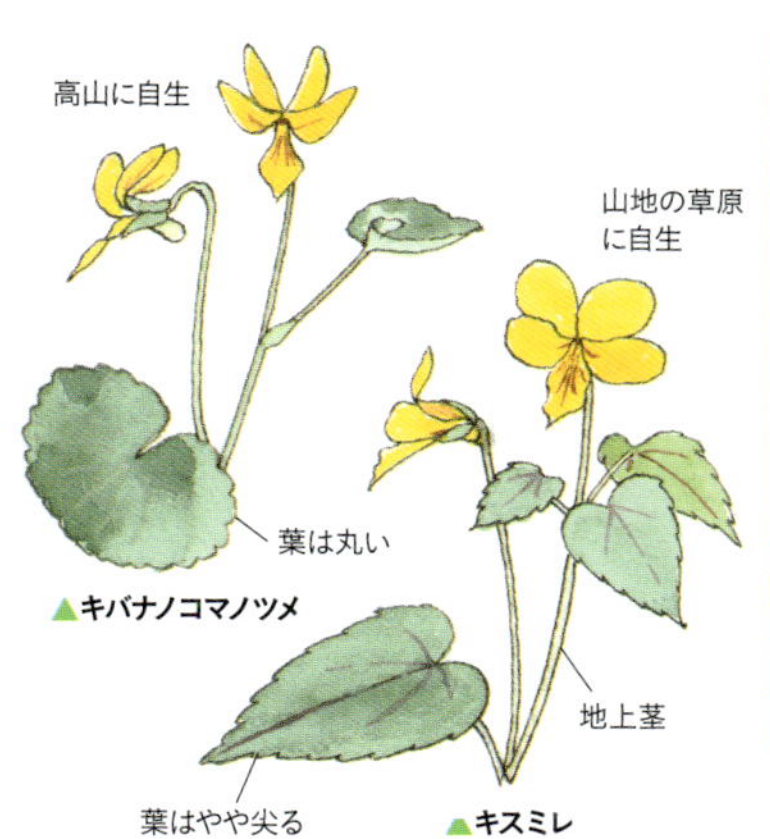

花は黄色で花弁は5枚。茎につく葉は3枚のことが多い。高さ10～20cm

スミレのうち黄花を咲かせるタイプはいくつかあるが、キスミレだけは、低山で咲く。ほかは、標高の高い場所に自生する。スミレという言葉の由来については、いろいろな学説がある。以前は大工が材木に線をつけるときに使う墨入れ壷の一部が、スミレの花の後ろにある尻尾(距〔きょ〕)に似ていることから、これが名前の由来といわれていた。しかし、墨入れ壷が使われたのは、江戸時代くらいではないかという説が登場し、この説は、いったんしぼんでしまった。が、本書の執筆のための調べのなかで、正倉院の御物に墨入れ壷があることが判明し、それならば、由来は本来あった〝墨入れ壷〟説に戻してもよいのではと思われる。

キ

キツネアザミ【狐薊】
Hemistepta lyrata

"アザミ"に見えたが、アザミではなく、化かされた気分なので"キツネ"がつく。

分類 キク科キツネアザミ属
分布 本州～沖縄
環境 休耕田やあぜ道、山里の道端など
花期 5～6月

花はアザミに似ているが、茎に刺はない

葉は羽状に細かく切れ込んでいる

〝キツネ〟という言葉は、化かす、化かされた、という意味で使う場合と、人間よりも小さいなどと、大きさを表わす場合がある。さて、キツネアザミは、遠くからはアザミのように見えるが、近づくと刺(とげ)がなく、アザミではないことがわかる。化かされる、という意味でつけられている。

キバナイカリソウ【黄花碇草、黄花錨草】
Epimedium koreanum

花は黄色ではなく、淡黄色。花に角(つの)のような距(きょ)があり、船や家紋の"錨(いかり)"に似る。

分類 メギ科イカリソウ属
分布 北海道～近畿の日本海側
環境 林の中
花期 4～5月

草姿は大きい
花は淡黄色
錨紋

花弁の先は鋭く棒状に尖る。これを距という

花は黄色ではなく、淡黄色であるが、〝キバナ〟とついた。
〝イカリソウ〟の名前は、花形が昔の船の錨(いかり)と同様に4つに尖った十字状になっていることからついた。また、錨形の家紋である錨紋のなかの〝イカリソウ〟(錨が1つの紋)の花にそっくりである。

キツネノボタン → ケキツネノボタン(P96)／キバナノアマナ → アマナ(P19)

キュウリグサ
【胡瓜草】
別名／タビラコ
Trigonotis peduncularis

野菜の"キュウリ"と同じ仲間ではないが、葉を揉むと、キュウリに似たにおいがする。

分類 ムラサキ科 キュウリグサ属
分布 日本各地
環境 都市の道端、畑のあぜ道、荒地、農村の空き地、山道沿いなど
花期 3〜5月

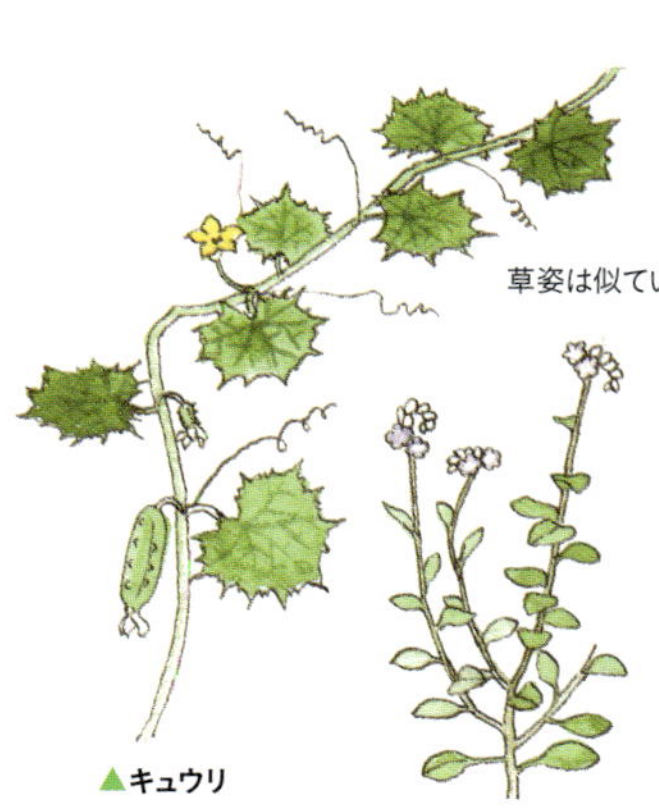

草姿は似ていない

▲キュウリ

▲キュウリグサ

花は茎の下から咲いていく　（下）花の中心に黄色い輪がある

〝キュウリ〟は野菜のキュウリである。キュウリグサの葉を揉んでかいでみると、キュウリの香りがすることから、この名前がついた。天保4年（1833）に出された『備荒草木図』のなかで、「キュウリグサは食べられる」と掲載されている。また、キュウリグサの古い名前に、〝キュウリ菜〟〝カワラケ菜〟と〝菜〟がついていることからも、食べられることがわかる。

〝タビラコ〟という別名は田んぼに生える平らな草という意味。キュウリグサは芽出しの前は、葉が放射状に広がって田の地べたに伏せる（これをロゼット状という）ように生えていることがあるので、〝タビラコ〟の名前がついたと思う。春の七草のコオニタビラコも同じようにして名づけられたのだろう。

キランソウ

【金瘡小草】

別名／ジゴクノカマノフタ
Ajuga decumbens

唇弁(しんべん)は“ラン”の花を思わせる。花が紫色なので紫蘭草(しらんそう)。これがなまって“キランソウ”。

分類 シソ科キランソウ属
分布 本州、四国、九州
環境 山里の近くの道端、石垣、丘の土手などの日当たりのいい場所
花期 3〜5月

（右）花は紫色の唇形で、下の唇が発達し、3つに分かれている　（左上）地際に放射状にヘラ形の葉を展開し、そこから茎を伸ばす

キランソウの〝キ〟は金、〝ラン〟は瘡、〝小草〟と書いて〝ソウ〟と読む。これは漢名。この草は花の下側の唇がランの唇弁(しんべん)のように発達している。花色は紫である。それでまず〝紫蘭草(しらんそう)〟と名づけられたのではないかと考える。〝シランソウ〟がなまって〝キランソウ〟に変化し、そして中国名の〝金瘡小草〟という漢字を当てたと思う。

キランソウの別名は〝地獄の釜の蓋(ふた)〟という。咳、解熱などに、薬効があり、病魔に冒され地獄へ行くはずだった人が、キランソウを煎じて飲むと、病気が治まり、地獄の釜の蓋が閉まって、死なずにすむ、という意味でつけられた。

キリシマエビネ【霧島蝦根】

Calanthe aristulifera var. *kirishimensis*

発見が"霧島"山系だったのだろう。地下の球根が"海老(えび)"の背中に似る。

分類 ラン科エビネ属
分布 紀伊半島〜九州
環境 暖地の樹林内
花期 4〜5月

発見されたのが、霧島の山岳地帯のどこかだと考えられる。〝エビネ〟の由来はP38参照。純粋のキリシマエビネは、正面下側の唇(しん)弁(べん)の切れ込みが深くなく、3つにまとまっていること。横から見た場合、距(きょ)がまっすぐに立ち上がっていることの2点が特徴である。

花びらは5枚。下側にいちばん目立つ唇弁がつく

キンラン【金蘭】

Cephalanthera falcata

花色が鮮やかな黄色の蘭である。雑木林の中で、"金"色に輝いて見えたので"キンラン"。

分類 ラン科キンラン属
分布 本州、四国、九州
環境 低山、丘、野原の雑木林
花期 4〜6月

花を見ると由来がわかる草である。花の色は金色。そして蘭だから、キンランとなった。キンランに対してギンランもある。白い花を咲かせる小ぶりの蘭で、さらにこの仲間にササバギンランがある。ギンランより少し大きく、葉は笹の葉に似る。いずれも、派手な花ではない。

花は直径1.5cmくらいで、3〜10個つける

ギンリョウソウ

【銀竜草】

別名／ユウレイタケ

Monotropastrum humile

草姿は、白色の"竜"に見える。白色は"銀"色に通じるので、"銀竜草"と名づけられた。

分類　ツツジ科　ギンリョウソウ属

分布　北海道～九州

環境　森の中の腐葉土のあるところ

花期　4～8月

緑の葉はなく、茎の頂部に1つだけ花がつく。高さ8～20cm

▲ギンリョウソウ

銀の竜の草と書く。この草をよく見ると竜の顔や胴体に似ている。白色なので、〝銀の竜〟。この草には、別名がいろいろあり、そのひとつが〝ユウレイ茸(たけ)〟。緑の葉がないので、キノコに見えたのだろう。白っぽいユウレイのように現われていると思えたのかもしれない。それで、〝ユウレイ茸〟と名づけられた。これはわりあい適確な名づけ方だと思う。漢名は〝水晶蘭〟。水晶のようにガラスっぽいということなのか。ギンリョウソウは、江戸後期の『綱目啓蒙(こうもくけいもう)』に掲載されており、この時代に、すでに知られていたことがわかる。

クサイチゴ

【草苺】

Rubus hirsutus

キイチゴの仲間だが、茎が草のように這うことから"クサ"とつく。実はキイチゴと同じ。

分類 バラ科キイチゴ属
分布 本州、四国、九州
環境 林のへり、草むら
花期 4〜5月

実際は落葉低木だが、草っぽいので〃クサ〃とつく。市販のオランダイチゴとクサイチゴの実の違いは、前者は花後に花托（かたく）がどんどん大きくなり、水分を含んで甘みを帯びるが、キイチゴやクサイチゴは、花托があまり発達せず、子房が水分を含み、実となり集合すること。

ひとつひとつの小さな実の集合

小葉は3枚が普通5枚もある

白い花びらが5枚ある。高さ数十cm

ク

クサソテツ

【草蘇鉄】

Onoclea struthiopteris
別名／コゴミ

"ソテツ"の葉と、葉の構造が少し似ている。それだけでこの名前がついた。

分類 コウヤワラビ科コウヤワラビ属
分布 北海道、本州
環境 山地の草むら、丘の斜面、川岸など

ソテツはソテツ科の常緑の木で、葉の中軸から細い線形の小葉が多数出ている。この状態とクサソテツの葉が同じように見えるので、〃ソテツ〃の名前がついている。また、芽がうずくまってこごんでいるように見え、その姿から別名の〃コゴミ〃という名前がついた。

草姿がソテツに少し似る。高さ50〜120cm

山菜の"コゴミ"は本種である

クサタチバナ【草橘】

Vincetoxicum acuminatum

花が白くて花びらが5枚に見えるという共通点だけで、“タチバナ”とつく。

分類 キョウチクトウ科カモメヅル属
分布 福島県南部～九州
環境 山地のやや乾いた林内
花期 5～7月

茎の上部で枝分かれして、いくつかの花がつく。葉は楕円形。高さ30～60cm

白色の5弁花

▲クサタチバナ　▲タチバナ

タチバナというミカン科の木は、白い花を咲かせる。クサタチバナも白い花を咲かせることから、〝タチバナ〟という名前が使われている。ミカン科の木に対して、こちらはキョウチクトウ科の草なので、〝クサ〟がついた。また、この草には秋に長さ6㎝ほどのまっすぐな棒状の実がつく。その中には絹糸のような白い毛のついたタネが多数入っている。この先の尖った実を見ると、〝草太刀花(くさたちばな)〟という漢字も当てられるのではないか。太刀の材料にビワの木を使うのに対して、こちらは木ではなく、草だから草太刀。クサタチバナの実が、太刀に見えないこともないので、そのように文字を当ててもいいのではと思う。

ク

クジャクシダ

【孔雀羊歯】

Adiantum pedatum

葉の展開した姿が、羽を広げた“孔雀(くじゃく)”に見えるので、この名前に。

分類 イノモトソウ科ホウライシダ属

分布 北海道、本州、四国

環境 低い山、山地、丘の雑木林の下、森のへり

この草は、細い針金のような暗紫色の茎が伸び、上のほうで2つに分かれる。さらに左右に分かれ、1つの茎から扇状に羽のような状態で葉が広がる。

草姿全体に〝孔雀(くじゃく)〟が羽を広げたようなイメージがあるので〝クジャクシダ〟という名前がついた。

クジャクシダ

孔雀の雄

よく草姿を反映させた名前だと思う

クスダマツメクサ

【薬玉詰草】

Trifolium campestre

小さな花序をよく見ると、運動会の“くす玉”のような形に見える。

分類 マメ科シャジクソウ属

分布 欧州原産

環境 市街地の空き地や道端

花期 5〜8月

蝶形の小さな黄花が、多数重なり合って1つの柄(え)の先に咲く形から、〝クスダマ〟とついた。〝ツメクサ〟の名前は、江戸時代、ヨーロッパなどからガラス製品を輸出する際に、破損を防ぐ詰め物として、アカツメクサなどが入れられていたことから。

くす玉

運動会

▲クスダマツメクサ

シロツメクサの仲間である。高さ10〜20 cm

クマガイソウ
【熊谷草】
別名／布袋草
Cypripedium japonicum

丸い唇弁を、源氏の武将・熊谷直実の背負っていた母衣に見立てた。

山野の樹林に群生する。ふくらんだ部分は唇弁。高さ20〜40cm

ク

クマガイソウには花の中心に唇弁と呼ばれる丸い球状の器官がある。

その唇弁を、源平時代の源氏の武将・熊谷二郎直実が背負っていた〝母衣〟に見立てて、この名前がついた。

母衣とは、竹製の籠の上から丈夫な布をかぶせ、それに紐をつけて、体の肩と腰にしっかり留める防具のことだ。この母衣によって、後方からの流れ矢を防ぐことができたと伝えられている。

さらに、この時代は武将同士の一騎打ちが多く行なわれていたが、母衣を背負うことにより、体を大きく見せ、相手を威嚇することや、ひるませ

分類 ラン科アツモリソウ属
分布 北海道〜九州
環境 雑木林、常緑樹林、竹林の中
花期 4〜5月
仲間 タイワンクマガイソウ(台湾熊谷草)は、台湾の標高2200〜2900mの山地の腐植土に富む森林に自生。日本では栽培されている。アツモリソウ(敦盛草)はP14参照。

類似種との見分け方

▼クマガイソウ

▼タイワンクマガイソウ

▼アツモリソウ

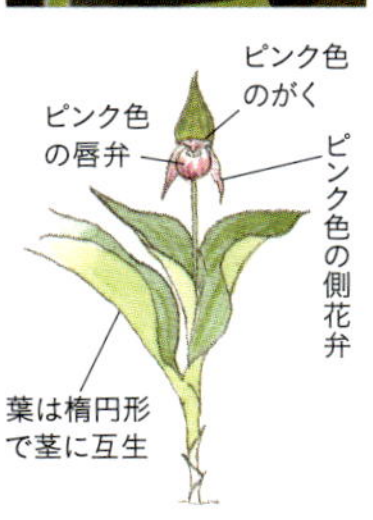

るという目的も果たせたのだと思う。

熊谷直実は、一の谷の合戦で、平敦盛(たいらのあつもり)と一騎打ちをし、敦盛を討ち取った。敦盛の顔を見て、あまりにも幼い少年であったことに衝撃を受け、直実は僧籍に入る。武士を捨てた直実は、蓮生(れんしょう)と名前を改めた。

蓮生は、かつての戦場に立ち、敦盛の菩提を弔う。そのとき、武者姿の亡霊が現われる。直実によって弱冠16歳で討ち取られた平敦盛であった。仇を討とうとする敦盛の前には、一心に読経する蓮生の姿があった。草の名前に歴史がうかがえる。

クリンソウ【九輪草】

別名／七階草
Primula japonica

段咲きする姿を仏塔の屋根にある"九輪"に見立てて"クリンソウ"。

分類 サクラソウ科サクラソウ属
分布 北海道、本州、四国
環境 山地や深山の湿地、沢沿い。日向と日陰のどちらにも見られる
花期 5～7月

花茎を徐々に伸ばしながら、下から順に花が咲いていく。高さ40～80cm

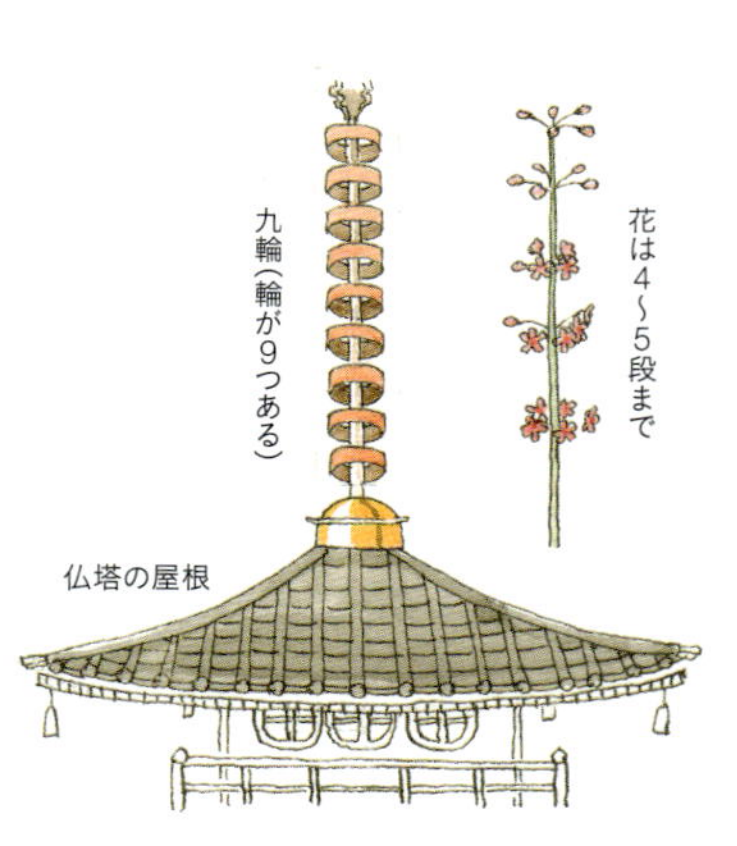

一茶の句だったと思うが、「九輪草四五輪草で　しまひけり」というのがある。この四五輪は4段か5段の段咲きのことである。九輪は、五重塔や三重塔など、仏塔の屋根の上についている輪のことを指している。この花の段咲きを〝九輪〟に見立てて、〝クリンソウ〟の名前がついた。

この名前は、『三才図会（さんさいずえ）』『薬品手引草（やくひんてびきぐさ）』『物品識名（ぶっぴんしきめい）』など、江戸時代の本に出ていることから、この時代にはすでに知られていたことがわかる。実際の花は4～5輪咲きだが、大袈裟に〝九輪〟と名前をつけても、当時の人たちに異論はなかったのだろう。

なお、日光の九輪沢で発見されたので、〝クリンソウ〟という説もある。

クリンユキフデ

【九輪雪筆】

Bistorta suffulta

“九輪”は花穂の形状から。色が白いので“雪筆”としゃれる。花の名が美しい草。

分類 タデ科イブキトラノオ属
分布 本州、四国、九州
環境 深山の林内
花期 5～7月

花穂は多数の花が集まって筆状になる。葉はハート形。高さ15～40cm

〝九輪〟は、五重の塔や三重の塔の屋根の上にある相輪（そうりん）の一部で、相輪は下から露盤、伏鉢（ふくばち）、請花（うけばな）、九輪、水煙、竜車、宝珠の7つから成っている。なお、相輪全体を九輪と呼ぶこともある。

クリンユキフデの小さな花は、仏塔のこの〝九輪〟のように長く穂状に伸びている。それで〝九輪〟に見立てて、まず〝クリン〟とつけた。

ユキフデの〝ユキ〟は、単純に〝白い〟という意味を表わす。

ユキモチソウやウスユキソウなどにも名づけられたように、雪は白く、クリンユキフデの花も白いことから〝ユキ〟とついたのであろう。

さらに名づける際に、穂状に伸びた花穂の状態を〝筆〟にたとえ、〝フデ〟とつけている。穂先がつぼまった形を、昔の人は筆のように見たのであろう。

クルマバソウ

【車葉草】

Galium odoratum

輪生する葉が高貴な人たちの乗る牛車や輦車の車輪を連想させる。

分類 アカネ科ヤエムグラ属
分布 北海道、本州
環境 山地の森や林の中
花期 5～7月

花柄の先に白い花がつく。葉は車輪状に3段から4段くらい。高さ10～30cm

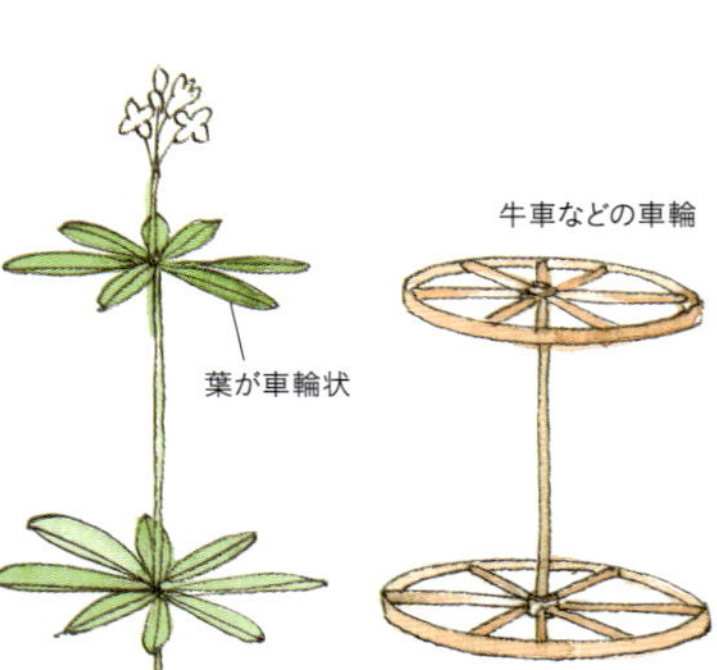

光沢のある3～4段の葉の形を見ると、1カ所から放射状に6～10枚の葉が出ている。

この葉のつき方は、天子、皇族、中宮、女御たちが乗る御所車の、牛車や輦車の車輪によく似ている。そこから名前がつけられたと思う。

車輪に関連して名づけられた草には、オグルマ、オカオグルマ、サワオグルマ、シャジクソウがある。

ところで、平安時代以降、高貴な人たちが宮中へ出入りするときなどに乗った車が牛車で、この牛車のひとつに檳榔毛の車がある。さらに、唐庇の車(唐車ともいう)など、形が異なる乗り物がいくつかあった。

牛車のほかに、輦車がある。これも高貴な人が利用した乗り物で、人が曳き、腰車とか手車ともいった。

クルマムグラ → ヤエムグラ(P239)

クワガタソウ

【鍬形草】

Veronica miqueliana

花後にできる実と2枚のがくが、兜の"鍬形"のように見える。

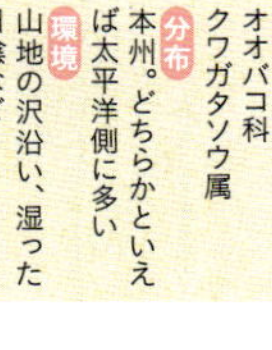

分類 オオバコ科 クワガタソウ属

分布 本州。どちらかといえば太平洋側に多い

環境 山地の沢沿い、湿った日陰など

花期 5～6月

花は白色または淡紫色。高さ10～20cm
(下)名前の由来となった実とがく

〝クワガタ〟というのは兜の前にある2つの大きな角状の飾りである。クワガタソウは花後に実ができるが、〝実〟の形が兜に似て、〝がく〟がちょうど鍬形に見える。これが、クワガタソウの名前の由来である。

このクワガタソウというのは、江戸時代の『草木図説』や『物品識名』などの書物に出ており、江戸時代には、すでに名前が知られていたことがわかる。

なお、〝クワガタ〟とついた植物には、ヒメクワガタ、テングクワガタ、高山性のミヤマクワガタ、キクバクワガタなどがある。いずれも、オオバコ科の植物で、実につくがくが、兜にある鍬形に見える。

グンバイナズナ → ナズナ(P177)

ケキツネノボタン
【毛狐の牡丹】
Ranunculus cantoniensis

茎の"毛"が目立つ草。葉は"ボタン"の葉に少し似るが、黄色い花は似ても似つかない。

分類 キンポウゲ科 キンポウゲ属
分布 本州、四国、九州
環境 田んぼのあぜ道のやや湿った道端
花期 3〜7月

キツネノボタンと異なり、実の刺はまっすぐ。高さ40〜60cm
(下)茎の毛

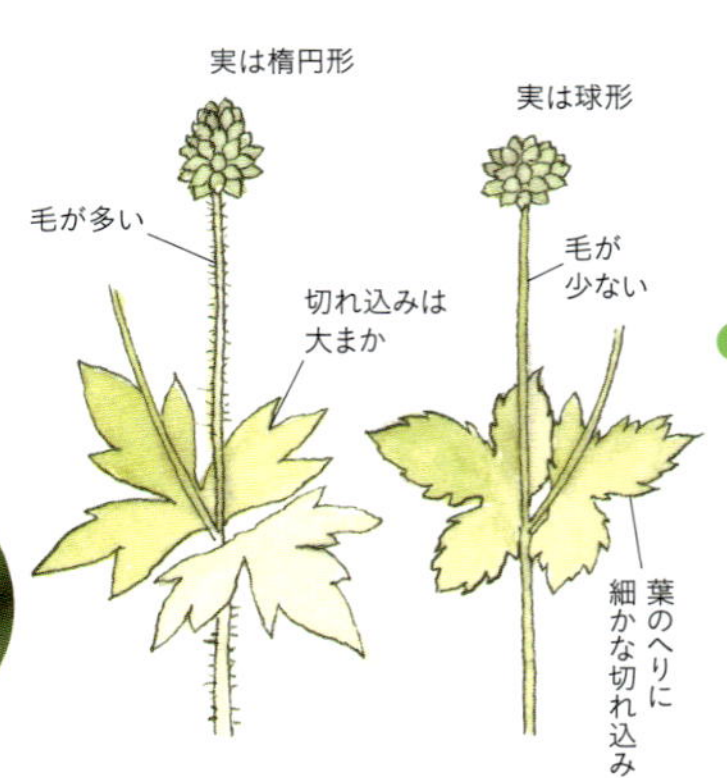

よく似た草姿の植物にキツネノボタンがある。この植物の茎には毛が少なく、ケキツネノボタンの茎には毛がよく目立つ。だから、"ケ"がついた。

"キツネノ"の後に"ボタン"という言葉がつく。ボタンと比較すると、似ていないところが多いが、葉が少し似ている。

面白いことに、葉が似ているから、ボタンのような花が咲くだろうと期待すると、そうではなくて、黄色い一重の花が咲く。これは、キツネに化かされたのだと。そして、"キツネ"という言葉がついたのではないかと思う。なお、キツネノボタンという名前は、江戸時代に『草木図説(そうもくずせつ)』などの文献で紹介されている。

分類 ケシ科ケマンソウ属
分布 中国原産
環境 庭などで栽培される
花期 4～5月

花の形が仏像の“華鬘”に似る。花が茎に吊られた姿から“鯛釣り草”の別名も。

ケマンソウ

【華鬘草】
Lamprocapnos spectabilis
別名／タイツリソウ

花はピンク色で、団扇か軍配のような形をしている。高さ50～80cm

ケマンを漢字で書くと〝華鬘〟。これは、インドの女性たちの首や体を飾る装飾品のことで、実物の花を糸でつないで首にかけたり、あるいは体、腕に巻きつけたりする装飾品をケマンといっていた。その後、花を輪にして仏様に飾ったり、蓮の葉や花鳥を描いた装飾品(銅に金メッキした団扇形のもの)を仏像や仏堂の天井にぶら下げるようになった。これらの装飾品も〝華鬘〟という。

団扇形の〝華鬘〟とケマンソウの花がなんとなく似ている。それで〝ケマンソウ〟の名前がついた。ケマンソウは、茎と花のつき方から〝鯛釣り草〟という別名もある。

ゲンゲ

【蓮華、紫雲英】
別名／レンゲソウ、レンゲ
Astragalus sinicus

仏像を安置する蓮華座(れんげざ)に見立てて"レンゲ"。やがて"ゲンゲ"に。

分類 マメ科ゲンゲ属
分布 中国原産。関東から南の暖かい地方を中心に野生化
環境 田畑、草原、土手の日当たりのいい湿った場所
花期 4～6月

古い時代に渡来し、田んぼの緑肥として栽培された。高さ10～30cm

この草は、レンゲとかレンゲソウ、あるいはゲンゲソウともいわれている。この名前の由来は、花を上から見ると輪になっていることで、この状態を仏像の蓮華座(れんげざ)に見立てて〝レンゲ〟という。さらに〝レンゲ〟がなまって〝ゲンゲ〟になったのである。なお、京都の方言の〝ゲンゲ〟は、独立した言葉で、〝蓮華〟とは関係ない由来だという学者もいる。また、このレンゲというのは、蓮華と書くと、死を意味するので、わざと〝ゲンゲ〟となまらせたという説もある。

江戸時代には、すでに、レンゲとゲンゲという両方の言葉が定着していたが、明治になって、〝ゲンゲ〟が標準和名として確立した。

ゲンペイコギク

【源平小菊】

Erigeron karvinskianus
別名／ペラペラヨメナ、エリゲロン

白花が次第に紅花に変化する。白花を源氏の白旗、紅花を平家の紅旗に見立てた。

分類 キク科ムカシヨモギ属
分布 中米原産
環境 日当たりのいい石垣など
花期 4～7月

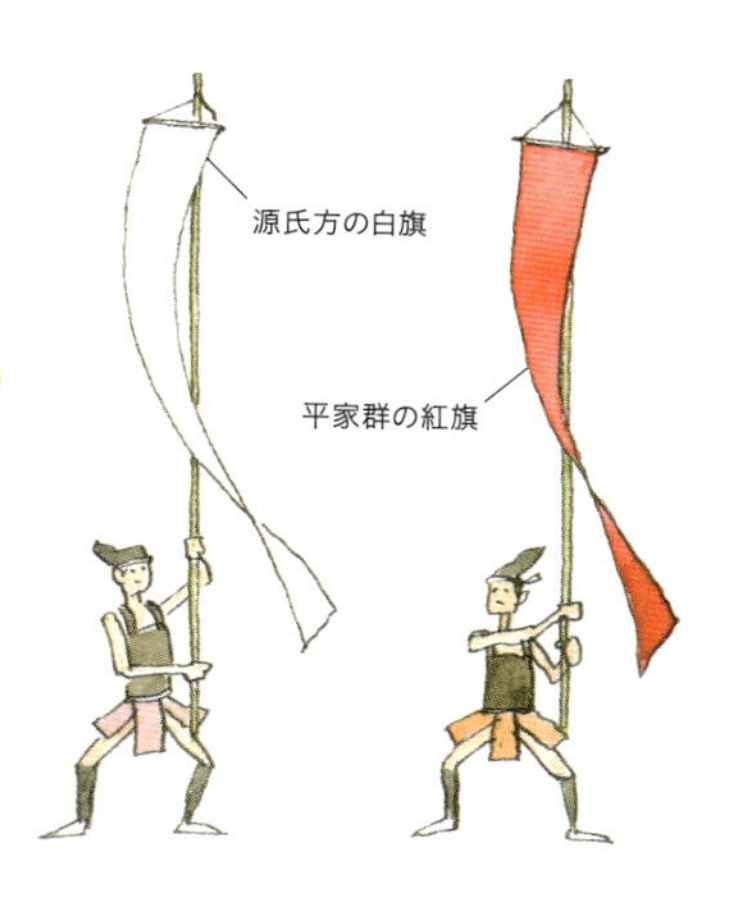

咲き始めは白花、老いた花は紅色になる。高さ20～40cm

咲き始めの花色は白いが、末期になると花びらが紅色に変化する性質をもっている。この白色と紅色を、源氏方の白旗と平家方の紅旗に見立てて、〝源平〟という名前がついた。

この草が大群生するところを見ると、たいていは白い花のほうが多く、紅色の花が少ない。ちょっと源氏と平家の結末を花の色で示しているように思える。

そして、花が小さいので〝コギク〟としゃれた名前がついている。

また、このゲンペイコギクには、〝ペラペラヨメナ〟という別名もある。これは、葉がとても薄くペラペラだからである。なお、学名の〝エリゲロン〟の名前を使う本もある。

コアツモリソウ → アツモリソウ（P15）

ゴウソ

【郷麻、紙麻】

別名／タイツリスゲ

Carex maximowiczii

"郷麻"説と"紙麻"説がある。いずれも繊維として利用されたことによる。

分類 カヤツリグサ科スゲ属

分布 北海道～九州

環境 あぜ道や沢沿いの湿った場所

花期 5～6月

いちばん上の部分に雄花の小穂が、下のほうには3～4つの雌花の小穂がつく

タイツリスゲの別名がある

ゴウソには〝郷麻〟と〝紙麻〟の2つの漢字が当てられている。

〝郷麻〟には、田舎の麻や紐（ひも）などの意味合いがあり、農村で麻の代用や紐の材料になっていたと考えられる。これに対して、〝郷〟が音読みで〝麻〟が訓読みだから、郷麻は誤りという学者もいる。この説によると、〝紙麻〟がなまって〝ゴウソ〟になったのではないか、コウゾやミツマタのように、ゴウソも砕いて紙すきの材料に役立てていたのではないか、と説く。

どちらともいえないが、両者の言葉に繊維を指す〝麻〟があり、この植物の繊維が利用されていたことは、確かといえる。

コウゾリナ

【髪剃菜、顔剃菜】

Picris hieracioides ssp. *japonica*

ざらつく茎をカミソリに見立てたか？剃髪（ていはつ）の儀式にコウゾリナの茎を頭に当てたか？

分類 キク科コウゾリナ属
分布 北海道～九州
環境 農村の空き地や市街地の道端、土手
花期 5～10月

茎のざらつく毛で顔を剃る

花はタンポポと同様、舌状花のみから成る。高さ30～100cm　(下)茎はザラザラ

漢字で〝髪剃菜〟、あるいは〝顔剃菜〟と書く。〝ナ〟というのは菜っ葉の〝菜〟で、この草は食べられますよというマーク。コウゾリナも、ナズナ、アマナ、ヨメナ、ゴマナなどと同じように、若菜を茹でて食べることができる。

この草の茎を見ると、ザラザラしている。このザラザラ感が、カミソリのような感じがするわけだ。それを顔に当てて〝髭（ひげ）が剃（そ）れる〟というのが一般的な説である。

なお、一般の人が仏門に帰依（きえ）する際の剃髪（ていはつ）の儀式で、カミソリを頭に軽く当てることが行なわれる。カミソリの代わりにコウゾリナの茎を当てるのもよいと命名者は思ってつけたのかもしれない。

コウボウムギ

【弘法麦】

別名／フデクサ
Carex kobomugi

雄株の小穂(しょうすい)を"弘法"大師の筆に、雌株の小穂は"麦"に見立てた。

分類 カヤツリグサ科スゲ属
分布 北海道〜九州
環境 海辺の砂浜
花期 4〜6月

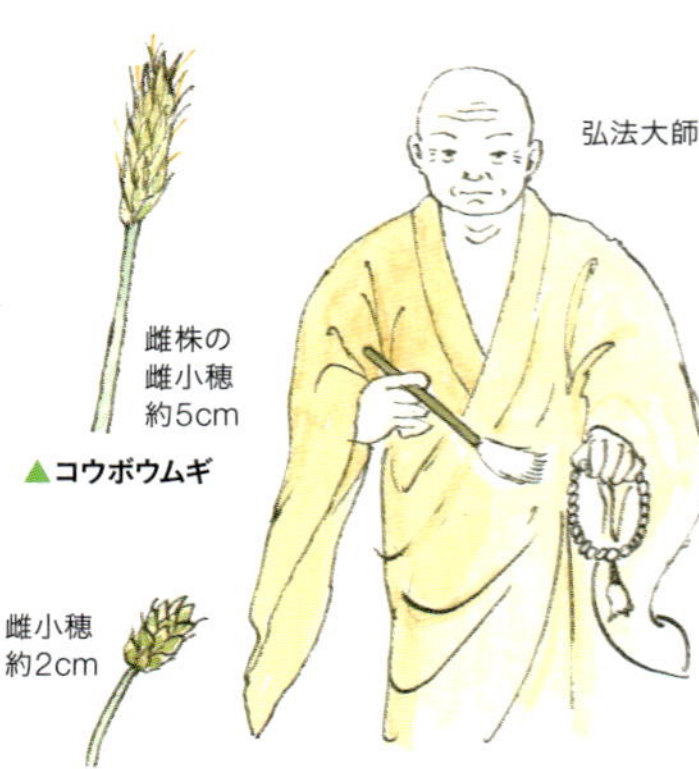

コウボウムギは雄株と雌株がある。これは雌株。高さ10〜20cm。葉の幅4〜6mm
(下)コウボウシバ。雌雄同株で、葉の幅2〜4mm

〝コウボウ〟とは、弘法大師(平安時代の僧で、真言宗開祖の空海)のこと。書道に優れた僧としても知られる。

コウボウムギの穂は、筆に似ている。特に雄の方の小穂(しょうすい)が、筆を連想させる。それで、書の名人であった弘法大師に関連させて、〝コウボウ〟の名前がついた。

一方、雌の小穂は、麦の穂を太く、短くしたような小穂である。

こちらは、筆の先というよりは、麦そのものに見えることから、コウボウムギと呼ばれるようになった。

コウヤワラビ
【高野蕨】
Onoclea sensibilis var. *interrupta*

“高野”山で初めて発見されたか、あるいは多く見られる種なので、この名前がついたか。

分類 コウヤワラビ科 コウヤワラビ属
分布 北海道、本州、九州
環境 湿った草原、日当たりのいい乾燥地

栄養葉は羽状。シダの仲間にしては切れ込みが少ない。葉の長さ40〜80cm

“コウヤ”という言葉は、高野山を意味する。和歌山県に真言宗の霊場・高野山があり、そこに空海が開いた金剛峯寺という寺がある。かつてコウヤワラビは、全国のいたるところに数多く見かけたが、たまたま、高野山で最初に見つかったか、たくさん見かけたか、その記憶があったかで、命名者が、“コウヤ”を頭につけたのであろう。

“ワラビ”は、食用になる山菜のワラビのことだが、葉を比べると、コウヤワラビの羽片の切れ込みが浅く、まるで似ていない。どこが似ているかなとよく見ると、コウヤワラビの芽出しの状態(ゼンマイ状に巻いている)が多少、ワラビに似ている。そこから名前がつけられたと思う。

コオニタビラコ → オニタビラコ(P57)

コケリンドウ

【苔竜胆】

Gentiana squarrosa

群生する草姿は、あまりにも小さく、越冬葉は"苔"を思わせるほど。"リンドウ"の仲間である。

花は青紫色のラッパ形。初夏には枯れ、秋にタネが発芽する。高さ3〜10cm

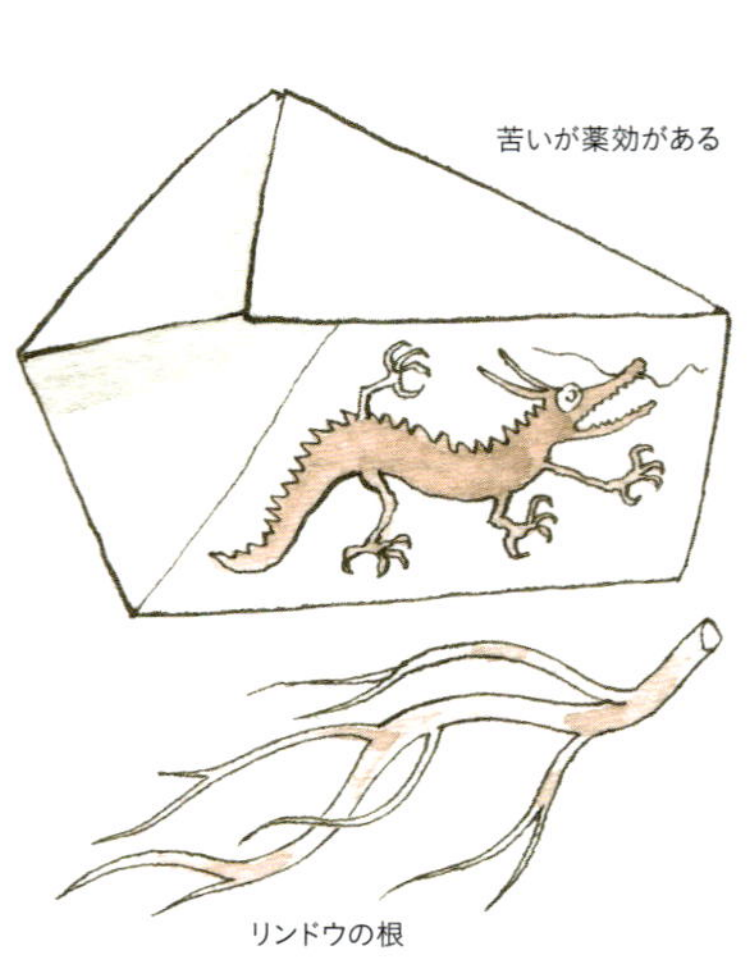

この草は、とても小さい。春先のリンドウのなかでも最も小さく、越冬葉は苔を連想させるので、〝コケ〟という名前がついた。

〝リンドウ〟という言葉は、漢字で書くと〝竜胆〟。〝竜の胆〟の意味である。リンドウという秋咲きの植物の根が、とても苦く、胃に効く薬草として使われていた。

一方、〝熊の胆〟も非常に苦く、体にいい薬として重宝されていた。その熊の胆よりもさらに苦いということから、リンドウは〝竜の胆〟と名付けられている。熊よりも上のランクの動物は、江戸時代以前、竜以外に考えられなかったのだ。

コショウジョウバカマ → ショウジョウバカマ(P125)／コセリバオウレン → オウレンの仲間(P43)

分類 リンドウ科リンドウ属

分布 本州、四国、九州

環境 日当たりのいい山道や、川沿いの日のよく当たる岩場など

花期 4～5月

仲間 ハルリンドウ(春竜胆)はコケリンドウと同じく、春に咲く。茎につく葉が細く、茎が目立つ。フデリンドウ(筆竜胆)は茎の先につく花の様子を筆に見立てて、〝フデ〟とつく。草姿は、コケリンドウよりやや大きい。

類似種との見分け方

▼コケリンドウ

春咲き
草姿は最も小さい

高さ3～10cm

▼ハルリンドウ

春咲き

茎につく葉は細い
大きなロゼット葉

高さ10～15cm

▼フデリンドウ

春咲き

ロゼット葉はない

高さ5～10cm

この〝リュウタン〟がなまって〝リンドウ〟になったのである。

さて、野や丘で見る春咲きのリンドウには、ハルリンドウ、フデリンドウ、それにコケリンドウの3種がある。これらは越年草で、前年の夏頃にタネが地面にこぼれ、秋に発芽する。冬でも苗は少しずつ成長し、春に花が咲き、晩春に結実する。結実後、タネが地面にこぼれて、親株は枯れる。なお、右記3種のなかでは、コケリンドウのタネだけは容易に発芽する。

コナスビ
【小茄子】
Lysimachia japonica

大きく育つ前の“ナス”の実と、コナスビの実が少し似ている。

分類 サクラソウ科オカトラノオ属
分布 日本各地
環境 山地の山道沿いや田んぼのあぜ道など
花期 5～6月

花は5弁で黄色く小さい。茎の高さ3～5cm
(下)コナスビの実

〝ナスビ〟は、インド原産の野菜のナスのこと。〝コ〟というのは、ナスの実よりも小さいという意味を表わしている。

このコナスビに実ができる。小さな実で、似ているといっても、野菜のナスと比べると全然違う。色は、緑色のままで、熟してくると茶色になる。しかも、ナスの茄子紺(なすこん)とはほど遠い。ナス科のナスは紫色の花が咲くが、コナスビはサクラソウ科で、黄色い花が咲くことも違う。

ただし、似ている時期がある。ナスの紫の花が散り、小さな実がつく時期の状態と、コナスビの黄色い花が散ってその後につける小さな実の状態はとてもよく似ている。

コバノタツナミ → タツナミソウ(P153)

コラム

コバイモの名前がつく植物

バイモもコバイモも、親の球根（鱗茎）が割れて、子球が生まれる。親球は貝に似る。

カイコバイモ

花の形は、虚無僧のかぶる深編笠に似る。花びらは6枚だが、寄り添って1つの花に見える。花の中をのぞくと中心に棒（花柱、雌しべ）があり、その周囲に6本の雄しべがある。花のある株には、細長い葉が5枚、茎につく。上に3枚、花の下に2枚である。コバイモの仲間もバイモと同じく、早春に花が咲き、晩春に地上部が枯れる。冬が過ぎ去る頃に芽をもたげる。

▼**カイコバイモ**
山梨、静岡に分布

花びらが外へ広がる（この絵は咲き始め）。花びらの内側に黄色の縦筋が入る

▼**コシノコバイモ**
北陸、福島に分布

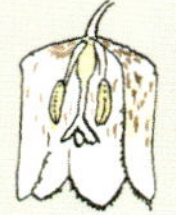

花びらのへりに刺状の毛がある。花びらの基部に紫斑が多い

▼**ミノコバイモ**

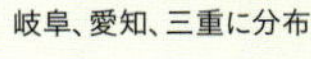

岐阜、愛知、三重に分布

肩が角張る。花びらの内側に紫色の斑紋が多い

▼**ホソバナコバイモ**
中国、九州に分布

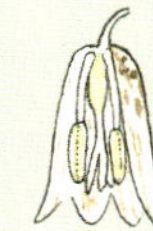

花は細長い。花びらに網目状の斑紋がほとんどない

花が編笠に似る

別名アミガサユリ

深編笠

虚無僧

外側の鱗片が貝の殻のよう

新球根

▲**バイモ**

コミヤマカタバミ → カタバミ（P65）／コメツブツメクサ → アカツメクサ（P7）

コモチマンネングサ
【子持ち万年草】
Sedum bulbiferum

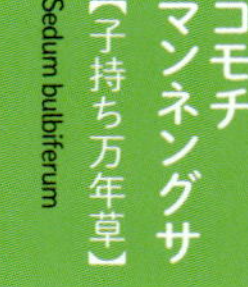

葉の基部に子株(むかご)ができるので"子持ち"、茎も葉も枯れないので"万年草"。

葉のつけ根にむかごができる。高さ10〜20cm (下)花は黄色の5弁花

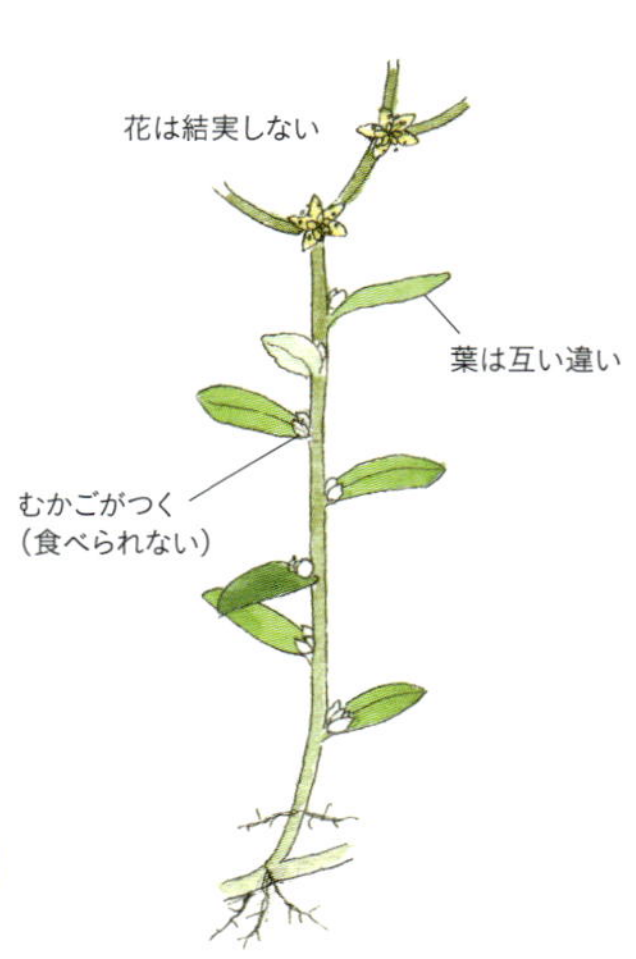

▲コモチマンネングサ

〝コモチ〟というのは、〝むかご〟をいい表わしている。

この植物の葉のつけ根のところには、小さな〝むかご〟ができる。これはタネではなく、小さな球根みたいなもので、そのまま発芽する。しかも、タネよりも早く成長する。この〝むかご〟ができるということから、〝コモチ〟という名前がついた。

〝マンネングサ〟という名前は、この植物が多肉質なので、水をやらなくても、しおれたり枯れたりすることがないことからきている。

なお、〝コモチ〟と名前がつく草はほかにコモチシダというのがある。これも葉に小さ

分類 ベンケイソウ科
マンネングサ属
分布 本州～沖縄
環境 山道沿い、市街地の空き地、庭、田のあぜ道など
花期 5～6月
仲間 ツルマンネングサ（蔓万年草）は、茎がつるのように地を這う。中国原産で、日本では普通タネができない。メキシコマンネングサ（メキシコ万年草）は、メキシコから送られてきた種子を栽培したものをもとに記載されたとされている。ミヤママンネングサ（深山万年草）は、東北～中部地方の高山の岩場に自生する。

類似種との見分け方

▼ツルマンネングサ

花は結実しない

葉は主に3枚を輪生

中国、朝鮮半島産
庭に植える

▼メキシコマンネングサ

花は結実し、タネができる

葉は主に4枚が輪生し、光沢がある

市街の道端

▼ミヤママンネングサ

花は結実し、タネができる

葉は互い違いにつく

高山の岩場に自生

な〝むかご〟のようなものができて、それが下へ落ちると発芽して、苗となる。

〝むかご〟をつける植物には、オニユリがある。葉の脇に小さな球根ができ、これも〝むかご〟と呼ばれており、地面に落ちると、すぐに根を出して活動を始める。最も知られているのが、ヤマノイモ。つる性の植物で、葉柄の基部あたりに〝むかご〟ができ、食用に利用されている。

なお、〝むかご〟は零余子と書く。〝零〟は「こぼれ落ちる」、〝余〟は「草の余り」、〝子〟は「子株」の意味。「こぼれ落ちる、草の余りの子株」である。

コンロンソウ

【崑崙草】

Cardamine leucantha

“崑崙（こんろん）”は、崑崙山脈ではなく、南シナ海の伝説の島・崑崙島のこと。

分類 アブラナ科 タネツケバナ属
分布 北海道～九州
環境 山沿いの沢、山地の湿った斜面、林の中
花期 4～7月

花後に細い棍棒状の実がつく。高さ30～70cm　(下)花は白い4弁花

崑崙坊
西南の海の島に住む色黒い人

コンロンソウという名前は、〝崑崙草〟と書く。一般的には、花が白いことを崑崙山脈の雪に見立てて、この名前があるといわれている。

私はこれを否定したい。この〝崑崙〟という言葉は、崑崙国からきていると思う。江戸時代の書物にも登場する崑崙国は、南シナ海の伝説上の島国である。その島には褐色の肌をした崑崙坊が住むと伝えている。

白い花を崑崙山脈の雪にたとえる見立て方は、白い花が多いだけに、あまりにも漠然としている。コンロンソウの花は白いのだが、実になると、黒っぽい茶色になる。崑崙坊に似るその実の色に注目して、〝コンロンソウ〟と名づけたと考える。

似た仲間に、小葉が丸いマルバコンロンソウなどがある。

サイハイラン【采配蘭】

Cremastra appendiculata

陣中において、大将が軍を指揮するときに使う"采配"によく似た花をつける。

分類 ラン科サイハイラン属
分布 北海道〜九州
環境 林の中、森のふち
花期 4〜5月

武将が兵を指揮する武具(采配)に花が似る

唇弁の色は鮮やかな赤紫色。花茎の高さ30〜50cm

〝采配〟という言葉がある。これは、戦いのとき、進め、止まれ、かかれなど、陣中で武将が命令を出すときに使う武具である。紙を細く切って、木や竹の柄につけたもので、はたきのような形をしている。

この采配に似た花をつけるのがサイハイラン。サイハイランには、地下の里芋状の球根(偽球茎)がある。新しい球茎から花茎を出し、花茎の上のほうに、紙を切ったような細長い花が、一定方向に多数つく。花は半開き状である。この花の形を〝采配〟に見立てて名前がついた。

なお、同じように指揮をするものには軍配がある。これは皮や鉄板で作った団扇で、軍扇ともいう。

サクラソウ

【桜草】

別名／ニホンサクラソウ
Primula sieboldii

花が"サクラ(ヤマザクラ)"に似るので、サクラソウと名づけられた。

花色はピンクが多いが、白などもある。花茎や葉柄に毛がある。高さ15～40cm

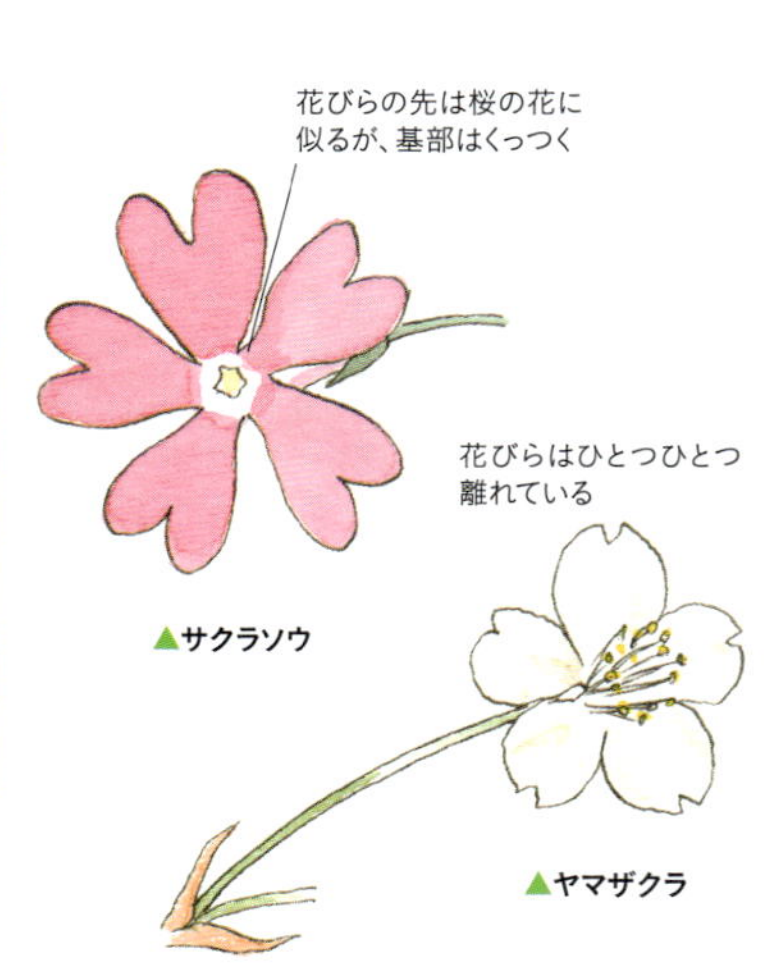

サ

サクラソウは、サクラ(ヤマザクラ)の花に似ているので、その名前がついた。しかし、本当に似ているのだろうか。そこで、江戸時代初期から知られていたヤマザクラとサクラソウを比べてみる。

サクラソウの花びらは5枚に見え、花弁の先が切れ込んでいる。しかし、後方は筒形になり、1つにくっついている合弁花(ごうべんか)である。

一方、ヤマザクラの花びらも5枚だが、それぞれが離れている。これは離弁花(りべんか)である。このように見た目は似ているが、構造は大きく違う。

また、雄しべ・雌しべの構成もだいぶ違う。サクラの仲間

分類
サクラソウ科
サクラソウ属

分布
北海道、本州、九州

環境
高原、平野の川岸などの湿った日当たりのいいところ

花期
4～5月

仲間
オオサクラソウ(大桜草)は、サクラソウに比べて草姿が大形なことから名づけられた。ユキワリコザクラ(雪割小桜)は、雪解けを待って咲く花であることから名づけられた。

類似種との見分け方

▼サクラソウ

▼オオサクラソウ

▼ユキワリコザクラ

サ

は、雌しべは1つ、雄しべは多数ある。一方、サクラソウ科の場合は、雌しべが1つ、雄しべが5つ。

なお、サクラソウには2つの花型がある。そのひとつは、中心の喉部(のどぶ)を見ると、雌しべがのぞき、後ろのほうの見えないところに雄しべがあるピン型。もうひとつは、雄しべが見え、雌しべは後ろのほうに隠れているブラシ型である。

このサクラソウは、江戸時代初期に荒川中流で大群生していた。花見に行くことや摘みに行くということが、江戸の人たちの娯楽のひとつであった。

ササバギンラン【笹葉銀蘭】

Cephalanthera longibracteata

まずキンラン、次に"ギンラン"、そして葉が"笹"に似るので、ササバギンランの名前に。

分類 ラン科キンラン属
分布 北海道～九州
環境 山地や丘の雑木林
花期 5～6月

ギンランと違い、花のつけ根に花穂より長い苞がある。高さ30～50cm

ササバギンランの名前の由来を考えた場合、次のようなステップがあったと思う。いちばん早く見つかったのが、雑木林などでよく見かける〝キンラン〟。遠くからもよく目立つこの草は、花が黄色いから、また花びらが丸っこいことから〝キン〟になったのであろう。

続いて、白い花が咲く小形のランが〝ギンラン〟になった。この後にササバギンランが見つかり、これをギンランと区別するために、葉の形がより細長くて笹の葉に似ていることから、〝ササバギンラン〟の名前をつけた。

三段論法のような名前のつけ方である。キンランがギンランに、ギンランがササバギンランというふうになったのだろう。

ザゼンソウ【座禅草】

Symplocarpus renifolius
別名／ダルマソウ

僧が岩穴で“座禅”を組んでいるような花である。仏炎苞の中に花の集団がある。

分類 サトイモ科ザゼンソウ属
分布 北海道、本州
環境 標高が高い場所・寒冷地の湿地帯、夏に日陰になる場所
花期 3〜5月

岩穴で僧侶が座禅を組んでいるように見えるので、この名前がついた。岩穴にあたるのは、暗紫褐色の仏炎苞という器官。仏炎苞は、仏像の背後にある炎形の飾り（光背）に似ていることから名前がついている。中の丸みのある棍棒のようなものは、たくさんの花の集まりである。

花の中で僧が座禅を組む

花には悪臭がある

サ

サルメンエビネ【猿面蝦根、猿面海老根】

Calanthe tricarinata

花の中央にある赤茶色の唇弁が、猿の赤い顔に似るので、“猿面”。“海老根”はP38参照。

分類 ラン科エビネ属
分布 北海道〜九州
環境 夏に涼しい林の中
花期 4〜6月

サルメンエビネの唇弁の下側部分（中裂片という）は赤色で、形がなにやらニホンザルの顔に似ているというところから、サルメンエビネの名前がついている。〝エビネ〟という言葉は、この仲間には偽球茎という球根があり、その形が海老の背中に見えるからである。

猿

名前の由来となった花

サワオグルマ【沢小車】

Tephroseris pierotii

自生する場所から"サワ"、花びらが牛車の車輪を思わせるので、"オグルマ"とつく。

分類 キク科オカオグルマ属
分布 本州～沖縄
環境 主に湿地や日当たりのいいところ
花期 4～6月

花は黄色。茎は柔らかく白い毛がある。高さ50～80cm

花びらが車輪の骨のように整然と並ぶ

サ

このサワオグルマは、だいたい沢沿いや水辺などの湿った場所に自生する。それで〝サワ〟がついた。この草の花びらを見ると、平安時代に登場する牛車が想い浮かび、天子、皇族、公家たちが乗った車輪の部分がイメージできる。それで〝オグルマ〟という名前がついたと思う。

サワオグルマは、平安初期の『本草和名』をはじめ、江戸時代には『草木図説』のほか7書に掲載されている。このことから、昔から身近な草として人々に親しまれていたことがよくわかる。

なお、オグルマという言葉がつく草には、オカオグルマがある。サワオグルマに対して、乾いた草原に自生する草で、花の形がよく似ている。

サンカヨウ
【山荷葉】
Diphylleia grayi

ハスの葉を“荷葉”という。平地のハスに対し、“山”のハスなので“山荷葉”。

分類 メギ科サンカヨウ属
分布 北海道、東北北部、中部地方
環境 比較的標高が高く、夏でも涼しい林や森の中
花期 5〜7月

▲ハスの葉（荷葉という）

花は白色。花びらは6枚（下）果実は甘酸っぱい

ハスの葉は、ちょうど葉裏の中心に葉柄がついている。この形を楯形といい、西洋の騎士が楯を持った姿に似ているので、楯着という用語を使う学者もいる。

平地のハスに対して、同じような葉つきをするサンカヨウは、山の荷（ハス）という意味である。

この草は地下から太い茎が伸びて、途中で2本に枝分かれして、大小の2葉が出る。葉は、丸いというよりは、カニコウモリの葉に似ているが、いずれも葉の真ん中に葉柄がつく。いわゆる楯着である。

なお、ハスを〝蓮〟〝荷葉〟と書くが、〝蓮〟は花や植物全体をいうとき、〝荷葉〟は葉をいい表わす場合に使う。

サンリンソウ【三輪草】

Anemone stolonifera

1輪だけ咲くのがイチリンソウ、3輪咲くこともあるので、サンリンソウ。

分類 キンポウゲ科イチリンソウ属
分布 北海道〜中部地方
環境 ブナ帯、亜高山帯の林や森のふち
花期 5〜7月

キクの葉状の葉が3組ある。葉や花柄に毛があり、高さ15〜30cm

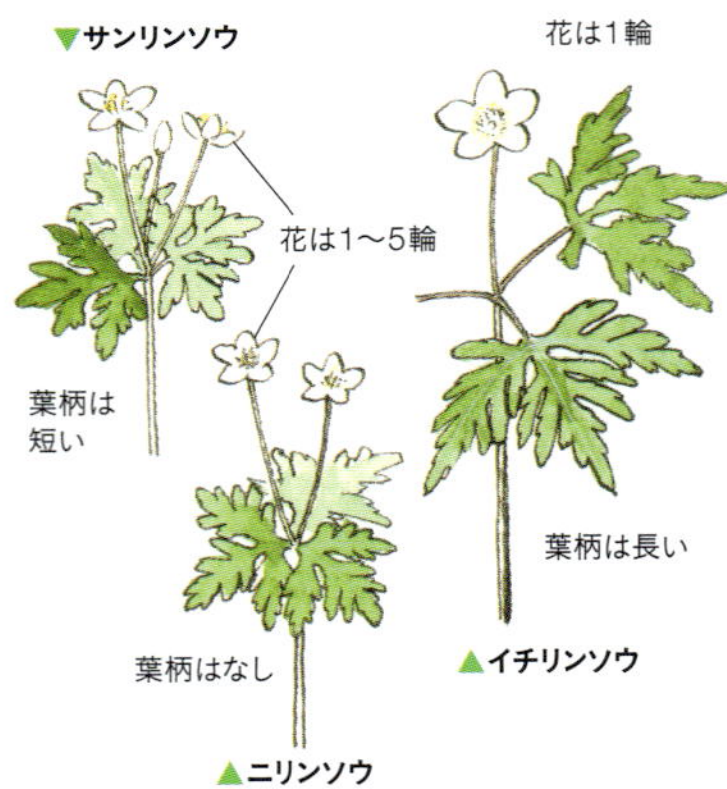

イチリンソウは、平地の雑木林などに見られ、1輪だけ咲く。そして、平地の湿った場所に群生するのがニリンソウ。ニリンソウの場合は、2輪咲いたり、4輪、なかには5輪ぐらい咲くものもある。サンリンソウは、3輪咲くこともあり、この名前があるが、普通は1輪か2輪咲きが多い。

サンリンソウは、標高の高い場所、高山帯やブナ帯に自生しており、晩春に芽を出し、初夏の頃に花を咲かせる。しかし、夏になっても葉は枯れることがなく、秋も地上部は健全。そして秋の終わり頃には枯れる。

イチリンソウ、ニリンソウは、夏に地上部が休眠するが、サンリンソウは夏に休眠しないという相違点がある。

ジシバリ → オオジシバリ(P46)／シコクカッコソウ → カッコソウ(P66)

【忍】シノブ

Davallia mariesii

雨が降らなくても、乾燥に耐えるので、"シノブ"の名前がある。

分類 シノブ科シノブ属
分布 本州〜沖縄
環境 山地の太い樹木や岩場に着生

岩や樹幹に着生するシダの仲間である
（下）根茎は太く、鱗片で覆われる

シ

このシダは、比較的乾いた岩場や太い樹木などに着生する。これらの場所は、雨が降らないかぎり、非常に乾燥する。それでも、このシノブは枯れることがない。たとえ葉の一部が枯れても、太い根茎から次から次へと新葉が展開し、水切れに耐え忍ぶことができる。そんなところから〝シノブ〟という名前がある。この葉の形が似ていることで、○○シノブと名づけられる植物が多い。

　このシノブは、夏になると風鈴と組み合わせて売られる。また、シノブの太い根を丸く細工して、中に芯になる水ゴケやワイヤーを入れて形よく加工し、夏の涼しさを呼ぶ観葉植物としても売られる。

シャガ【射干】

Iris japonica

ヒオウギの漢名"射干"を間違えてシャガにつけた。射干をシャカンと読み、シャガに。

分類 アヤメ科アヤメ属
分布 中国原産。本州、四国、九州に野生化
環境 農家の裏山や人里近い沢沿い
花期 4～5月

花は淡紫色で直径5cmほど。朝に咲いて、夕方にしぼむ

シャガは、ヒオウギと葉のつき方や形が似た植物である。ヒオウギの中国名(漢名)は、〝射干〟と書く。シャガにこの名前がつけられたことの起こりは、命名者がヒオウギとシャガを同じものと勘違いしたことから始まる。まず、〝射干〟という中国名を、シャガに当てはめてしまったわけである。そして、これはもともと〝ヤカン〟という発音だったが、いつの間にか〝シャカン〟になり、やがて〝シャガ〟になった。

ところで、ヒオウギという植物は、葉がちょうど檜(ひのき)の薄い板を糸で閉じて扇形にした檜扇(ひおうぎ)に似ている。これは、朝廷に上がっている公卿(くぎょう)が、衣冠束帯(いかんそくたい)のときに持っていた扇である。この檜扇を広げた形によく似ていることから、〝ヒオウギ〟という名前がつけられている。

シャク

【杓】

Anthriscus sylvestris

北海道や東北では、シャクは"コシャク"と呼んだ。後に"コ"を取った。

分類 セリ科シャク属
分布 北海道～九州
環境 雑木林の中や森の陰の湿ったところ
花期 5～6月

全体に強い香りがあり、若葉は食べられる。高さ80～140cm　（下）花序は傘形

名前の由来には2説がある。第1の説は、北海道の一部と東北で使われている方言が名前の由来になったというもの。これらの地域では、大形のセリ科植物のオオハナウドを"シャク"といい、シャクを"コシャク"といっていた。その後、オオハナウドは、オオハナウドと名づけられ、同時に"コシャク"といっていた本種は、"コ"を取って、シャクと呼ぶようになったと。

第2説は、実の形が米粒によく似ていることから、という説。古代、神事に使われていた"さく米"によく似ているということから、さく米の"サク"がシャクになったという説である。私は、第1の説のほうが正しいのではないかと思っている。

ジュウニヒトエ【十二単】

Ajuga nipponensis

大きな下唇を、"十二単"を着た女性のシルエットと見る新説を紹介する。

分類 シソ科キランソウ属
分布 本州、四国
環境 丘、低山、山里近くの雑木林の中、あるいは森のふちなど
花期 4〜5月

花は白〜淡紫色で、筒形。全体に長くて白い毛が多い。高さ10〜25cm

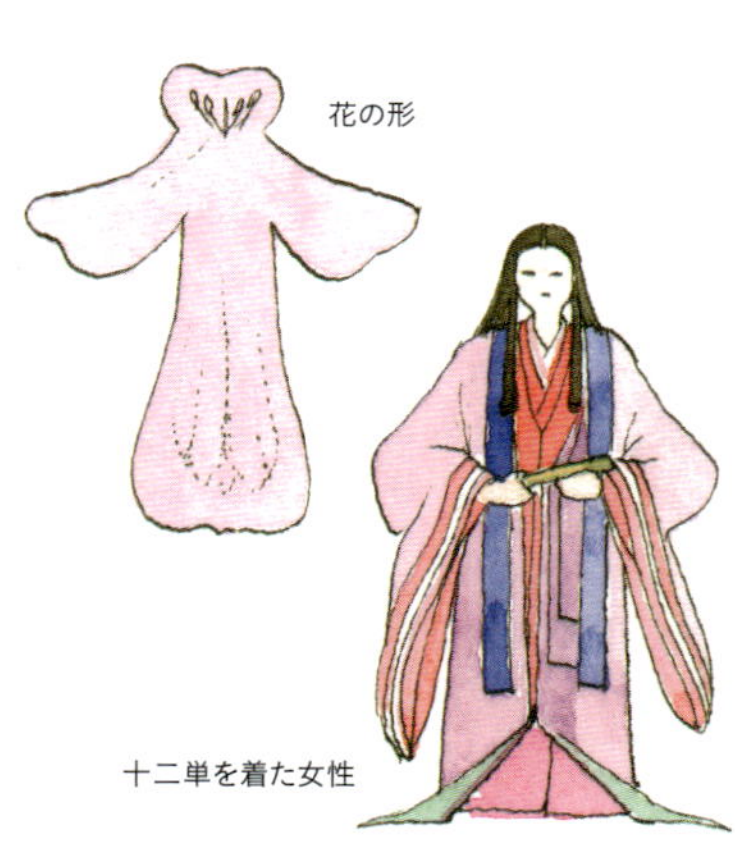

従来の説は、花が群がり、幾重にも重なっている姿を"十二単"にたとえたもの。しかし、十二単の女性と多数の花が咲いている花穂の形とがどうしても結びつかない。

そこで、私説を紹介したい。私は、ジュウニヒトエの花の下側にある発達した下唇が、名前の由来のヒントではないかと気付いた。この下唇は、ラン科の唇弁のような形をしている。これをじっと見ていると、十二単を着た婦人が両手を広げて立っている、そんな姿に見えてくる。ジュウニヒトエの花の下唇、花の一部であるが、その下唇そのもののシルエットが、十二単の女性に似ている、と思えるのである。

シュンラン【春蘭】

Cymbidium goeringii
別名／ホクロ、ジジババ

冬に咲く寒蘭に対し、春に咲くので、シュンランの名前がついた。

分類 ラン科シュンラン属
分布 北海道～九州
環境 丘や低い山、野原など
花期 3月

白い唇弁にある濃赤紫色の斑点から、“ホクロ”とも呼ばれる

葉は、幅が約2cm、長さ30～50cm

寒蘭(カンラン)は冬に咲く。春蘭(シュンラン)は、春に咲く。それで〝シュンラン〟という名前がついたと思う。〝春蘭〟という言葉は、江戸時代以前の文献には出ていない。名前が知られるのは近代、明治以降。

このシュンランには、〝ホクロ〟という別名がある。唇弁のところに紫色の斑紋があり、それをホクロに見立てて名付けた。また、シュンランの花びらを全部取ってしまうと、弓形のずい柱が残る。その形を腰が曲がったおじいさん、おばあさんにたとえ、〝ジジババ〟という名前もつけられている。

ところで、日本家屋の天井と鴨居の間にある〝欄間〟は、採光や通風、装飾を考えて作られたものだが、ランの香りが隣の部屋にとどくように、ということから名付けられたともいわれる。

ショウジョウバカマ
【猩々袴】
Helonias orientalis

花後、一時的に花が赤くなるのを能の"猩々"の赤頭に、葉を"袴"に見立てた。

日当たりのいい場所にも、日陰にも自生する。高さ10〜30cm
(下)白花もある

この植物の名前の〝ショウジョウ〟は、花後に一時的に赤くなる花の状態を、想像上の動物〝猩々〟に見立ててつけられた。ちょっと妙な名前だが、花後の紅色の細い花びらと、棒状に伸びる紅色の雌しべが、すーっと伸びた茎上にある。これらが能楽に出てくる〝猩々〟の赤い髪(赤頭)を連想させるのでつけられた。

一方、〝バカマ〟は葉姿からきている。約30枚のササの葉状の葉がタンポポのように地面に伏せ、放射状に広がっている。こうした草姿を〝袴(はかま)〟に見立てた。

由来の説は、ほかにも多い。秋に赤く色づいた葉姿を緋色

分類 シュロソウ科
ショウジョウバカマ属
分布 日本各地
環境 低山や丘、野原の湿った場所
花期 3〜4月
仲間 コショウジョウバカマ（小猩々袴）は高さ5〜10cmと小さく、秋咲きである。コチョウショウジョウバカマ（胡蝶猩々袴）は本州〜九州の林に自生。かつてはシロバナショウジョウバカマとツクシショウジョウバカマに分けられていたが、明確に区別できないことから1種にまとめ、新しい和名が与えられた。

コショウジョウバカマ

花後は一時的に赤くなる

ロゼット状の葉

コチョウショウジョウバカマ

実に移行中の花

の袴に見立てたとか、紅色の花がオランウータン（漢字で猩々と書く）の赤い顔に似ているなどの説である。
なお、中国でいう〝猩々〟とは、猿に似た、顔が赤くて酒好きの想像上の動物を指し、格調高い姿をして、舞い戯れる無邪気な霊獣とされている。その〝猩々〟が不老長寿の福酒を人間に授けるという中国の伝説をもとにして能楽の〝猩々〟がつくられた。
また、この姿をした小さな人形があり、〝猩々小僧〟と呼ばれている。

ショウブ → セキショウ（P142）

シライトソウ【白糸草】

Chionographis japonica

ブラシ状になって集まっている白い花びらを白糸にたとえた。

分類 シュロソウ科シライトソウ属
分布 秋田～九州
環境 森や林の中など
花期 5～6月

ブラシ状の花穂の下から花が咲く。高さ20～40cm　(下)花びらは6枚ある

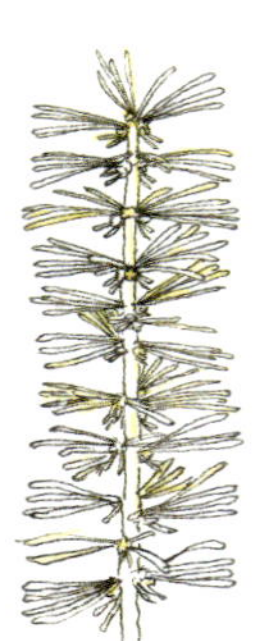

▲シライトソウ

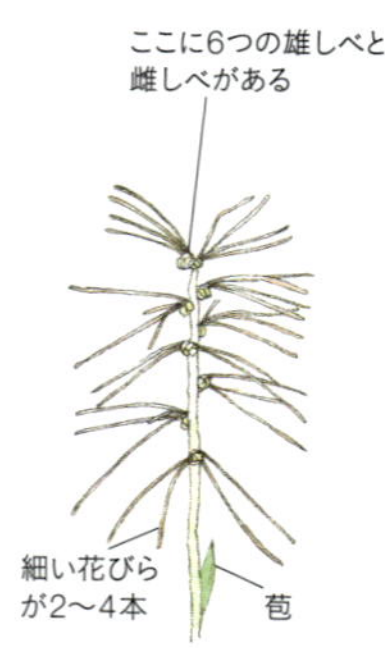

▲チャボシライトソウ

高さ15～50㎝ほどの花序の先に、花びらがブラシ状に固まっている。その白い花びらの形を白糸に見立てて、"白糸草"という名前がつけられた。

このシライトソウの花は、6枚編成の花びらが多数集まってブラシ状になっているのが特徴である。花びらは、一見すると4枚に見える。しかし、シライトソウは花びらが6枚あるはずのシュロソウ科の植物なので、ほかの2枚はごく短いか退化していることになる。

よく似たヒトリシズカも、これと同じように白いブラシ状の花が咲くが、形態は根本的に違っている。ヒトリシズカはセンリョウ科なので花弁はない。3つに分かれた雄しべが花弁状になり、花びらに見えている。

シラネアオイ
【白根葵】
Glaucidium palmatum

白根山で初めて発見されたので“シラネ”。葉がフユアオイに少し似るので“アオイ”。

分類 キンポウゲ科 シラネアオイ属
分布 北海道～中部地方
環境 標高が高く、夏も涼しい林の中や森陰など
花期 4～6月

花はとても大きくて直径5～10cmになる。花期の茎の高さ15～30cm （下）芽出しのようす

〝シラネ〟というのは、日光の白根山を指す。ここで初めてシラネアオイが発見されたのではないかと思う。

〝アオイ〟の言葉は、なぜつけられたかがわからない。

〝アオイ〟がつく植物に、ウマノスズクサ科のフタバアオイ、アオイ科のフユアオイなどがある。フタバアオイは、京都賀茂神社の神紋であり、徳川家の紋章のモデルになっている草であるが、シラネアオイの葉はこれには似ていない。

アオイ科のフユアオイの葉は、切れ込みが少なく、切れ込みが多いシラネアオイとはあまり似ていない。しかし、アオイ科のタチアオイに少し花や葉が似るので〝アオイ〟の名前がつけられた。

シラユキゲシ【白雪芥子、白雪罌粟】

Eomecon chionantha

花が白色なので"シラユキ"。中国産のケシ科植物なので"ケシ"。

分類 ケシ科シラユキゲシ属
分布 中国原産
環境 市街地の空き地など
花期 4月

花茎は中途で枝分かれする

ケシ科の花は普通4弁。この花は変化花

〝シラユキ〟は4枚の花びらが真っ白であることから、雪にたとえてつけられた。〝ケシ〟は、ケシの仲間ということから。しかし、葉はハート形の波打った形で、ケシとはまったく違っている。

この花は茶席や切り花などに使われる。庭に植えると根が横に広がり、どんどん増えていく。

シラン【紫蘭】

Bletilla striata

花びらと唇弁(しんべん)は紫色系統で、ラン科の花なので"紫蘭"。

分類 ラン科シラン属
分布 東北南部〜九州
環境 湿った日当たりのいい場所
花期 5〜6月

葉は細長い楕円形で先が尖る。高さ30〜70cm

花は直径4〜5cmくらいで紅紫色

花色が紅紫色なので、〝紫蘭(しらん)〟とつけたと思う。このような名前のつけ方はほかにも多い。花色が黒っぽい黒蘭がそうである。実際には暗い赤紫色だが、黒っぽいイメージから名づけられた。また、九州南部で見られる、黒蘭に似て大形の幽谷蘭(ゆうこくらん)(大黒蘭)も同じような名前のつけ方である。

シロツメクサ

【白詰草】

Trifolium repens

花は"白"色である。ガラスや陶器を送る際、クッション材として箱に詰められたので、"白詰草"。

分類 マメ科シャジクソウ属
分布 欧州原産。日本各地に野生化
環境 市街地の空き地、あぜ道
花期 5～10月

花の色から〝シロ〟。〝ツメクサ〟は緩衝材として荷物に詰められたことからきている。アカツメクサの項を参考にしてほしい。

なお、シロツメクサはクローバーの名前で親しまれているが、緑肥としても利用されており、オランダゲンゲとか、オランダウマゴヤシという名前で呼ばれる。

楕円形の小葉が3枚で1枚の葉。4枚の葉もある

白い花は豆科特有の蝶形花

シ

シロバナエンレイソウ

【白花延齢草】

Trillium tschonoskii

別名／ミヤマエンレイソウ

"エンレイソウ"の仲間で、"白花"であるからこの名前がある。

分類 シュロソウ科エンレイソウ属
分布 北海道～九州
環境 標高が高い林
花期 4～5月

〝シロバナ〟は白花のこと。エンレイソウの名前の由来については、アイヌ語の〝エマウル〟という言葉が変化したという説もあるが、この花の根は江戸時代から薬草として知られており、漢方名の延齢草根あるいは延齢根をエンレイソウの名前に当てたのではないかと思う。

楕円形の葉が3枚輪生状につく。高さ20～40cm

緑のがくが3枚、白い花びらが3枚ある

シロバナタンポポ → タンポポの仲間(P158)／シロバナノヘビイチゴ → ヘビイチゴ(P221)

ジロボウエンゴサク

【次郎坊延胡索】

Corydalis decumbens

スミレの俗名"太郎坊"と対をなす。中国の生薬"延胡索(えんごさく)"の仲間である。

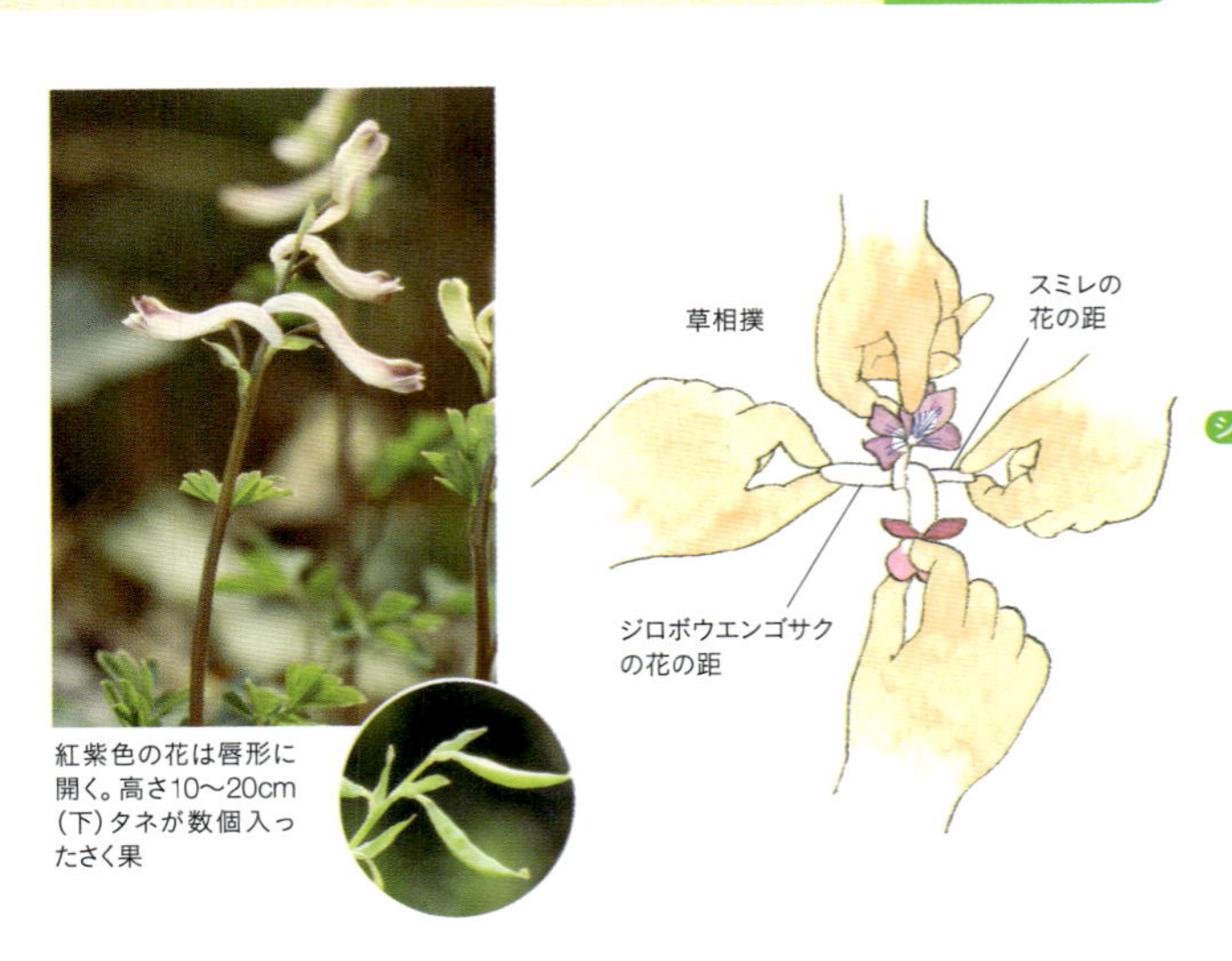

紅紫色の花は唇形に開く。高さ10〜20cm
(下)タネが数個入ったさく果

"ジロボウ"という言葉だけでは、なかなか名前の由来は引き出せない。が、スミレのことを俗名で"太郎坊"と呼び、それと対をなす呼び方であると考えられる。これは江戸時代の子どもの遊びのなかにヒントがあった。

当時、子どもの間ではスミレやエンゴサクなど、花の後ろに距(きょ)のある花を使って、距を引っかけ、引っ張り合う草相撲のような遊びが行なわれているところがあった(距とは、スミレやエンゴサクの花の後ろにある尻尾のようなものをいう)。

そして、このときにスミレのことを"太郎坊"、エンゴサ

分類 ケシ科キケマン属
分布 関東〜九州
環境 農村の山道や空き地、ちょっとした郊外の道端など
花期 3〜5月
仲間 ヤマエンゴサク(山延胡索)は似た仲間と区別するために〝ヤマ〟がついた。
ミチノクエンゴサク(陸奥延胡索)は東北(みちのく)などに分布することから名づけられた。
エゾエンゴサク(蝦夷延胡索)は北海道と東北に分布することから名づけられた。

▼ヤマエンゴサク

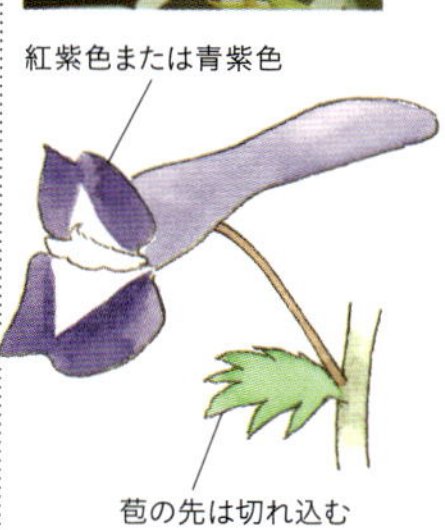

▼ミチノクエンゴサク

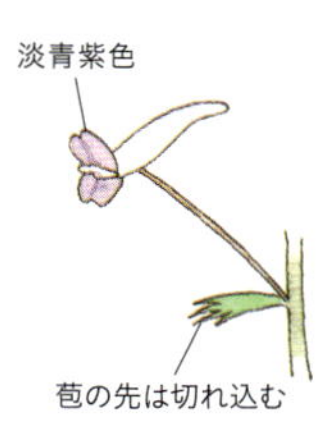

▼エゾエンゴサク

クを〝次郎坊〟と呼んで遊んだ地域があった。
花の名前の命名者は、この子ども遊びのなかから生まれた呼び名を覚えていて、〝太郎坊〟と呼ばれるスミレの弟分に見えたこの草に〝次郎坊〟の名前を与えたのであろう。
〝エンゴサク〟の名前の由来は、はっきりとしている。ジロボウエンゴサクの仲間は、根っこを乾燥させて漢方薬として使われていた。その漢方薬の名前が〝延胡索〟という。ここから〝エンゴサク〟という名前がついた。

スイバ【酸い葉】

別名／スカンポ
Rumex acetosa

葉や茎をかじると、“酸っぱい”味がする。それで、“酸い葉”の名前に。

分類 タデ科ギシギシ属
分布 北海道～九州
環境 丘、野原などの道端、あぜ道
花期 5～8月

スイバの花穂。雄株と雌株があり、雄株のほうがやや大きい。高さ30～100cm

▼スイバ
葉の形が違う
葉の基部は矢じり形

▼ヒメスイバ
葉の基部が左右へ張り出す

ス

“スイバ”というのは、酸っぱい葉という意味で、別名スカンポ。昔、といっても戦前とか、戦後間もない時代、子どもたちがこの茎をしゃぶったり、食べたりした。ちょっと酸っぱいが、食べられた。酸っぱい茎、酸い茎ではちょっと語呂が悪いので“酸い葉”(スイバ)となったのであろう。

別名のスカンポは、タデ科のイタドリにもついている。これも同様に茎は酸っぱく、子どもたちがおやつ代わりにかじっていた。

スカンポという名前は、江戸時代の『三才図会』『綱目啓蒙』そのほか2書で紹介されている。しかし、イタドリが先だったのか、スイバが先だったのかは定かでない。

スギナ【杉菜】

Equisetum arvense
別名／ツクシ

葉が杉の葉に似ているので"スギ"。胞子葉（ツクシ）は食べられるので"菜"。

分類 トクサ科トクサ属
分布 日本各地
環境 畑の隅、あぜ道、市街地の空き地など
花期 3～5月

胞子葉はツクシの名前で知られる。胞子を出すと枯れる

栄養葉はスギの葉に似る。日当たりのいい場所に生える。高さ20～40cm

スギナという草は、非常に細くて、杉の細い葉によく似ている。ということから、〝スギ〟という言葉がついた。さらに、このスギナの胞子葉であるツクシ（土筆）は、食用に適しているので、これを意味する〝菜＝ナ〟がついた。

〝ツクシ〟の名前の由来は面白い。ツクシの袴の部分を一度ちぎって、またつなぎ、どこの袴でつないでいるかを当てる〝ツギクサ〟という子どもたちの遊びがある。この〝ツギクサ〟が〝ツクシ〟という言葉に変化したといわれている。

また、ツクシの形を筆にたとえ、地際に生えるので、〝土筆〟と書く。なお、ツクシは漢方薬としても利用され、中国では〝接続草〟と呼ばれている。

スズムシソウ【鈴虫草】

別名／スズムシラン
Liparis makinoana

この草の唇弁(しんべん)の形が、“鈴虫”の翅(はね)に似ていることから名づけられた。

分類 ラン科クモキリソウ属
分布 北海道～九州
環境 標高が高い林や森
花期 4～5月

茎はまっすぐ立ち、高さ10～20cm
（下）鈴虫に似た淡暗紫色の花

ラン科の花なので、唇弁(しんべん)、がく片、花弁などが展開している。そのうちの淡緑色地の唇弁は、赤紫を帯びた血管が通っているように見える。形は卵形をしている。

この唇弁の形をよく見ると、鈴虫の翅(はね)の形に少し似ている。そこからスズムシソウの名前がつけられたのだと思う。

このように、唇弁や花の形を昆虫や小動物の姿に見立て、その名前を借用した植物がいくつもある。スズムシソウの仲間のジガバチソウもそう。この場合も、唇弁が土蜂などに似ている。小動物に似る植物にはムカデランがある。これは、葉のつき方がムカデの手足に似ている。クモランも根が緑色をしており、蜘蛛が足を広げたような形をしている。

スズメノエンドウ【雀の豌豆】

Vicia hirsuta

“エンドウ”豆に実がよく似る。やや小形なら“カラス”、さらに小さければ“スズメ”とつけた。

分類 マメ科ソラマメ属
分布 本州～沖縄
環境 道端、日当たりのいい草むら
花期 4～6月

エンドウ豆の実の大きさに比べて、カラスノエンドウの実は、少し小さいので〝カラス〟。いちばん小さい実のスズメノエンドウには〝スズメ〟の名前がつく。名前を決める際に〝スズメ〟〝カラス〟というふうに、動物の大小を植物の大きさに当てはめて言い表わした。

▲スズメノエンドウ

白色の蝶形花は、のちに豆果になる

スズメノカタビラ【雀の帷子】

Poa annua

小さいので“スズメ”がつく。穂先を雀の帷子（かたびら）に見立てた。

分類 イネ科イチゴツナギ属
分布 日本各地
環境 農村、空き地、庭
花期 3～11月

〝スズメ〟は、スズメノエンドウと同様に、大きさを表わす。〝カタビラ〟は、一重の着物の帷子（かたびら）。粗末な着物という意味も含む。この草の小さな小穂を見ると、着物の合わせ目のような部分がある。そこから、小さくていちばん粗末な一重の帷子、〝スズメノカタビラ〟とした。

小穂は3～5mm。高さ10～30cm

スズメノテッポウ【雀の鉄砲】
Alopecurus aequalis

草の上部を引き抜くと“弾込め棒”、下側の丸い空洞は“火縄銃”。

分類 イネ科 スズメノテッポウ属
分布 北海道〜九州
環境 あぜ道、休耕田
花期 4〜6月

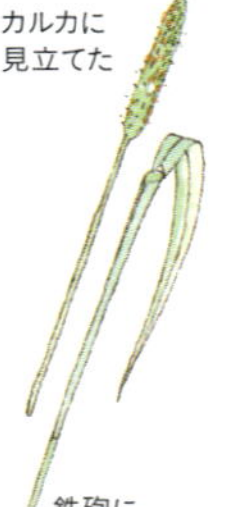

花序の長さ3〜8cm。小穂がびっしりつく

小形なので頭に〝スズメ〟。〝テッポウ〟は、火縄銃からきている。草の上部にある円柱形の穂と茎を引き抜くと、下側の葉鞘(ようしょう)に空洞ができる。これを銃口あるいは銃身に見立てた。そして抜いた円柱形の穂と茎をカルカ(弾丸を詰める鉄の棒)に見立てて、後ろに〝テッポウ〟とつけた。

スズメノヤリ【雀の槍】
Luzula capitata

花の集合が大名行列の“毛槍”に似ている。著しく小さいので“スズメ”がついた。

分類 イグサ科 スズメノヤリ属
分布 北海道〜九州
環境 草むら
花期 4〜5月

雌花の時季と雄花の時季がある。高さは10〜30cm

茎の頂部に花が集まってつく。花期から果期までほぼ同じ姿に見える。この姿は毛槍に似るので〝ヤリ〟。毛槍というのは、普通の槍に木製の鞘(さや)をはめ、その上から鳥の羽や獣の毛皮、羅紗(らしゃ)などを長めにたらして飾りにしたもの。特に鳥の羽を使ったものは毛槍という。

ス

スズラン

【鈴蘭】

Convallaria majalis var. manshurica

別名／キミカゲソウ

白い"鈴"を吊るしたように見える。ラン科植物に似るので"ラン"をつけた。

分類 クサスギカズラ科スズラン属

分布 北海道、本州、九州

環境 標高の高い草地

花期 4～6月

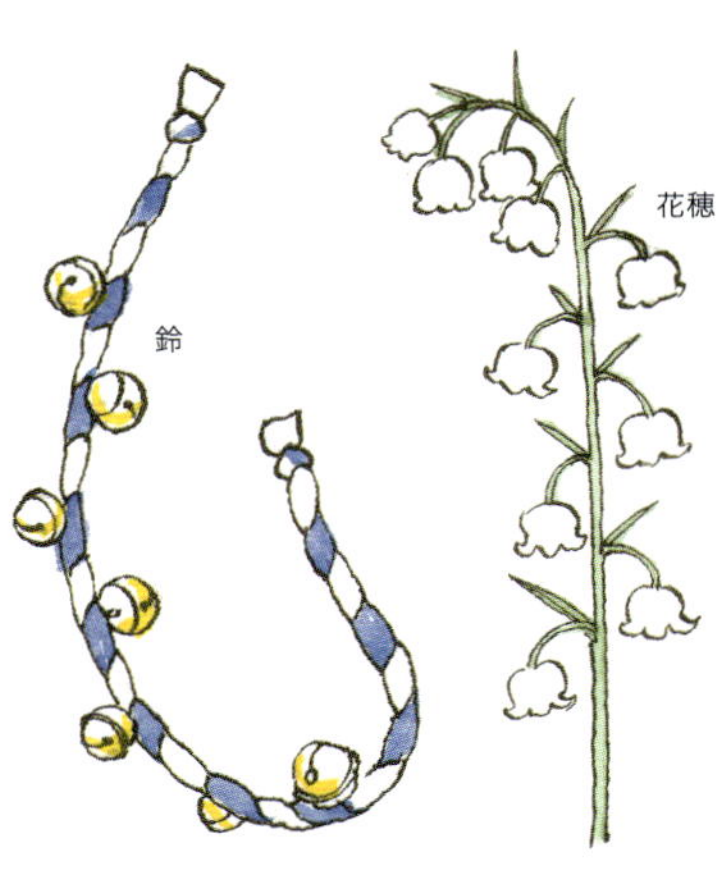

普通、スズランの花は葉よりも下につく。高さ20～35cm

よく似たドイツスズランの花は葉よりも上につく

〝スズ〟は、お祭や神事で見られる紐（ひも）についた鈴のこと。スズランの花がついている状態によく似ている。そこからきていると思う。

〝ラン〟は、葉や花が蘭と似ているから、安易につけられたのだろう。名前のつけ方としてこの手法はよくあることだ。

スズランの場合は、葉の広いエビネやサイハイラン、そういうものに似ていると誤認してつけたのだろう。

スミレ【菫】

Viola mandshurica

正倉院の御物にある大工の"墨入れ"壺の一部がスミレの距に似る。

分類 スミレ科スミレ属
分布 日本各地
環境 市街地、山道、空き地など
花期 4～5月

花の後ろに長い距がある。高さ10cmほど　(下)スミレのタネ

大工道具の墨壺

花
距
唇弁
葉
▲スミレ

名前の由来には諸説がある。

大工が使う道具に、墨壺とか墨入れ壺というのがある。材木に、墨で線をつける道具で、この墨入れ壺の一部の出っ張りの形が、スミレの花の後ろにある距に似ていることから、"スミレ"という名前がついたといわれている。

しかし、"スミレ"の言葉は『万葉集』に出てくるが、この時代にはまだ墨入れ壺はなかったのではないかと、一時、この説を取りやめる動きがあった。

ところが、正倉院の御物のなかに、奈良時代の墨入れ壺が現存しており、スミレの距に似た部分もあることがわかったので、この説を支持したい。

スミレサイシン
【菫細辛】
Viola vaginata

カンアオイの仲間であるウスバサイシンに似たスミレなので、スミレサイシン。

分類 スミレ科スミレ属
分布 北海道、本州の日本海側
環境 山地
花期 3～4月

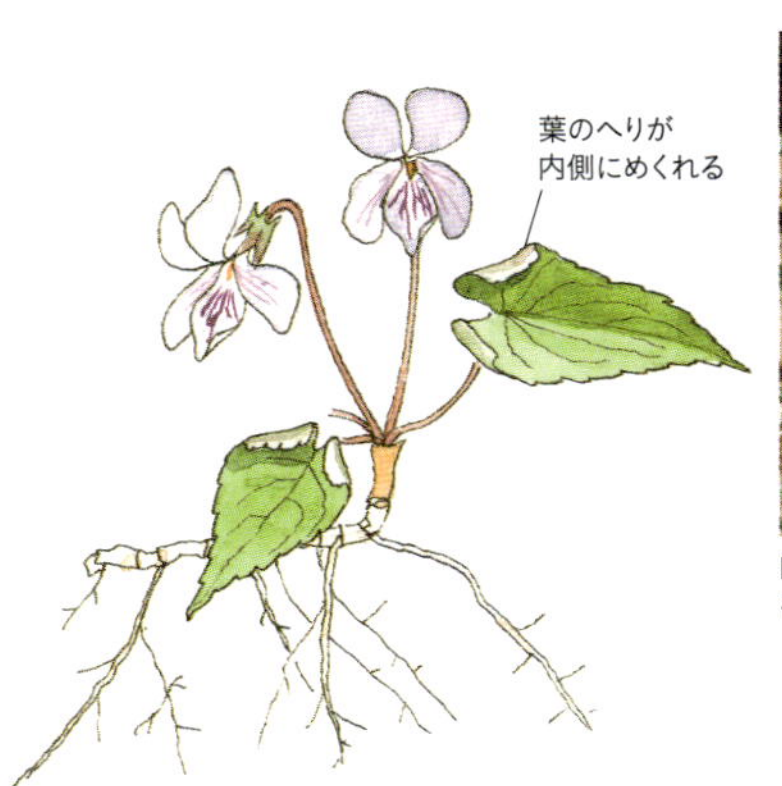

内側に巻き込んだ葉のふちは、花が終わる頃に開く。高さ5～10cm

江戸時代に流行した植物にカンアオイの類があった。これは、葉に斑や模様が入り、とても美しく、それが園芸種として愛されていたようだ。さらにこの植物の根を舐(な)めると非常に辛く、葉柄(ようへい)が細いということで、細くて辛いという言葉を縮めて〝細辛(さいしん)〟とも呼ばれていた。

カンアオイの仲間に、冬季落葉性のウスバサイシンがある。スミレサイシンの葉は、このウスバサイシンの葉によく似ていることから〝スミレ〟に〝サイシン〟の名前が加わって名前がつけられた。スミレサイシンの場合は、根は辛くない。

セイヨウアブラナ

【西洋油菜】

別名／ナノハナ、アブラナ

Brassica napus

明治以降に渡来。"アブラナ"と区別するために、"セイヨウ"がつく。

分類 アブラナ科アブラナ属

分布 欧州原産。日本各地に野生化

環境 畑などで栽培される

花期 4～5月

花には丸い形の黄色い花弁が4枚ある。タネから油をとるために栽培された

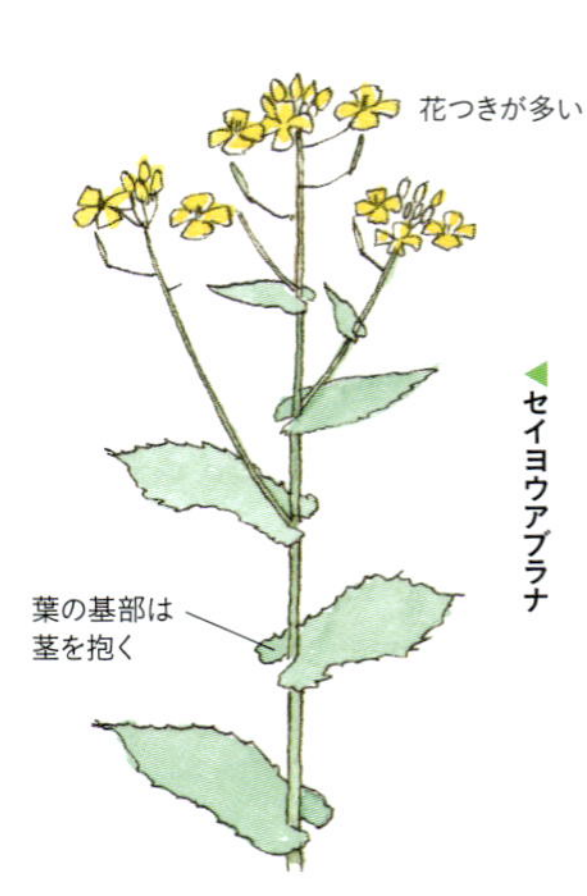

▲セイヨウアブラナ

最近は見かけないが、中国経由で日本に渡来してきたアブラナがある。セイヨウアブラナと比べると葉が緑色。タネを絞って灯油などの油にしたのはこのアブラナを指し、これが名前の由来である。セイヨウアブラナも外国から渡来した種で、頭に〝セイヨウ〟がつき、ほかのアブラナの仲間と区別されている。この種は〝菜の花〟とも呼ぶが、〝菜の花〟にはアブラナを含め3種類ある。いちばん多く見られるのは、セイヨウアブラナ。葉が黒っぽい緑色をしている。このことで、この種がアブラナとキャベツとの交配種とわかる。ほかに、チリメンハクサイとアブラナを交配したチリメンアブラナがある。

セイヨウカラシナ

【西洋芥子菜】

Brassica juncea

戦後に渡来した"カラシナ"で、古い種と区別するために"セイヨウ"とつけた。

分類 アブラナ科アブラナ属
分布 栽培起源のものが日本各地に野生化
環境 川や鉄道の土手や河川敷
花期 4～5月

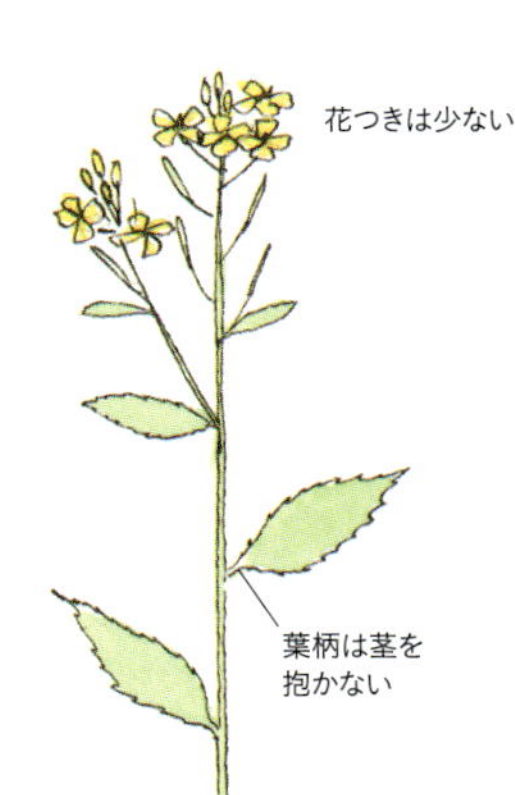

河原や土手で群生する。食べると辛味があり、高さは約1m

〝セイヨウ〟という言葉は、戦後、この植物が新しく外国から入ってきた際に、中国から入ってきた昔からの〝カラシナ〟と区別するためにつけられた。〝カラシナ〟の名前は、葉やタネに辛味があり、タネを粉末にして辛子、芥子という名前で利用されていたことに由来する。

セイヨウカラシナは、ロシアで広く栽培され、北米やヨーロッパ各地でも野生化している。日本では、土手や線路沿いに群生している。

セイヨウアブラナなどの〝菜の花〟と混同されるが、セイヨウカラシナは花つきが少しまばらで、葉の基部がくさび形になっている。茎を抱くことはない。〝菜の花〟は、葉の基部は茎を抱きかかえている。

セイヨウタンポポ → タンポポの仲間(P157)

セキショウ【石菖】

Acorus gramineus

中国では"菖蒲"。自生地は渓谷や沢の岩や石の多いところなので"石菖"。

分類 ショウブ科ショウブ属
分布 本州、四国、九州
環境 沢沿いの岩場
花期 3～5月

葉は細い線形で、長さ30～50cm。春に伸びる花穂の長さは5～10cm

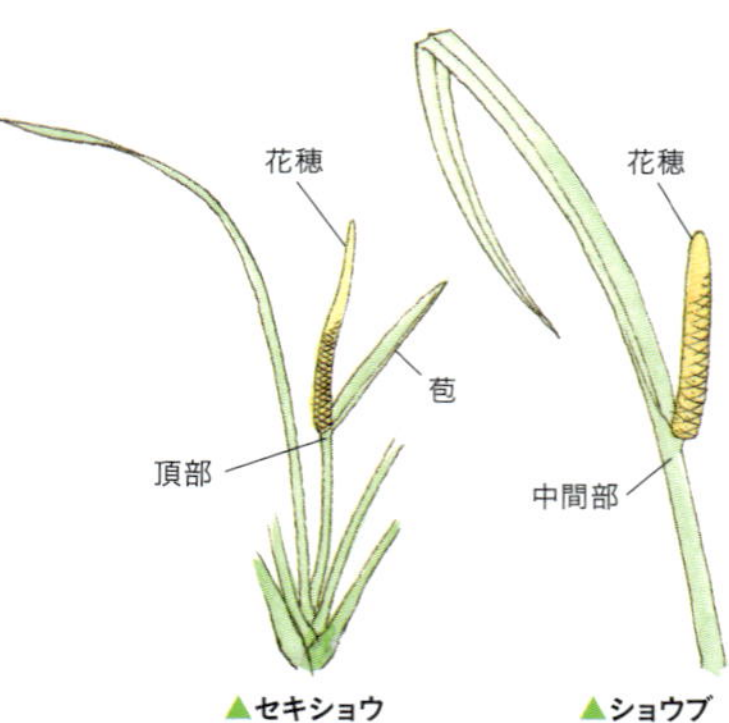

漢字で書くと、〝石菖〟。中国ではこのセキショウを〝菖蒲〟と書き、よく似たショウブのことを〝白蒲〟と書いて分けている。

〝石菖〟は、渓谷や渓流のふちに自生し、岩場や岩石があるような場所で、半ば水に浸かるようにして自生する姿を見かける。そのことから、〝菖〟の前に自生地を表わす〝石〟をつけて〝石菖〟という名前をつけたのだろう。

セキショウは、とても香りがいい。葉に傷をつけると、芳香が漂う。ロウソクを立てて行なう夜咄(よばなし)の茶事にセキショウが使われている。ロウソクには特有のにおいがある。セキショウの鉢植えを茶席に飾ることで、ロウソクのいやなにおいを打ち消すのだそうだ。

セッコク

【石斛】

Dendrobium moniliforme

中国名“石斛”を音読みに。太い茎を、石のような堅い水がめ（斛）に見立てたと推測。

分類 ラン科セッコク属
分布 東北北部～沖縄
環境 苔むした樹木や沢沿いの岩場に着生
花期 4～5月

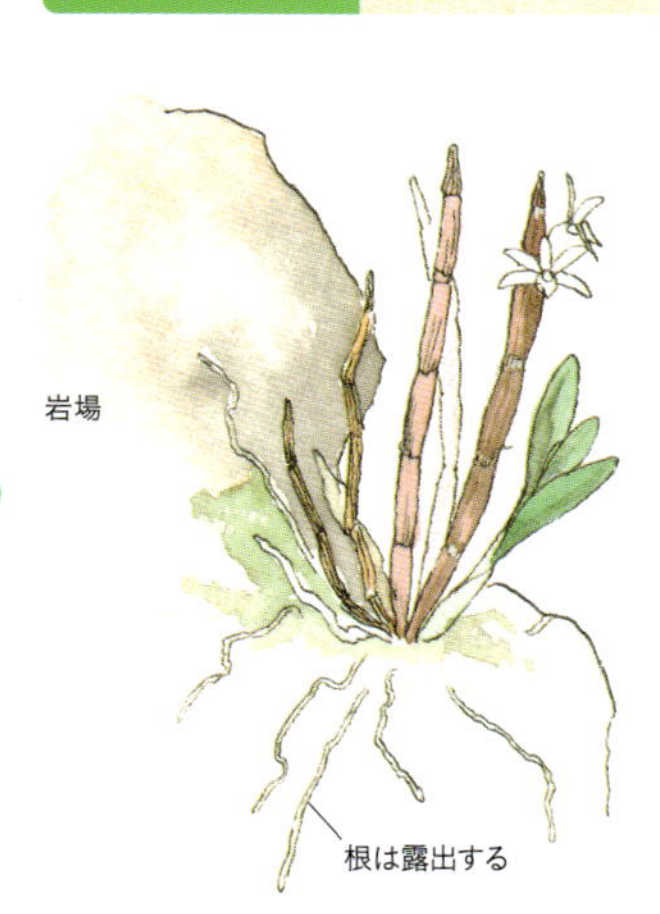

花に芳香がある。露出した根から空気中の水分を吸う　(下)ピンク色の花

〝石斛〟は漢名。音読みにして〝セッコク〟と呼んだ。

〝斛(こく)〟という字は、1石などと同様の、単位や水がめのような入れ物を表わす。セッコクの太い偽鱗茎(ぎりんけい)がこの水がめの形に似ており、しかも水分を含んで〝石〟のように堅い。そんな姿を見立ててセッコクと呼んだのではないかというのが、私の推測である。

昔は、偽鱗茎を乾燥させて、滋養強壮に用いたようだ。平安時代の『本草和名(ほんぞうわみょう)』などでは、〝岩薬〟あるいは〝少名彦(すくなびこ)の薬根(くすね)〟の名前で出ている。〝少彦名神(すくなびこなのかみ)〟という医薬の神の名前をそのまま借用し、さらに、根が薬になるので〝薬根〟という名前をつけたと考えられる。これらの古名は、〝石斛〟が登場するとすたれてしまった。

セツブンソウ【節分草】

Eranthis pinnatifida

旧暦の"節分"の頃に咲くので、この名前がついた。関東周辺では秩父地方に多い。

分類 キンポウゲ科 セツブンソウ属
分布 関東〜中部地方
環境 石灰岩地の木陰
花期 3月

石灰岩地の木陰に多い。高さ5〜15cm
(下)セツブンソウの実

節分は、新暦の2月4日頃だが、旧暦では立春の前日で、今でいう3月半ば。この頃になるとちょうどセツブンソウは花の時期を迎え、江戸の町中にこの花が出回る。そこで"セツブンソウ"という名前がついた。

節分には、昔も"鬼やらい"という豆まきを各家でやり、年の数だけ豆を食べると病気はしないといわれていた。鬼を除けるという意味で、ヒイラギの枝にイワシの頭を刺し玄関の戸に飾っていた。

江戸時代、自生地の秩父では農家の人々が現金収入になるこのセツブンソウを掘って、竹筒などに植え込み、売り声を張り上げながら江戸の町中で売り歩いていたのであろう。

センダイハギ

【先代萩、船台萩】

Thermopsis lupinoides

北国の、漁港の“船台”のそばに咲くことが名前の由来と思う。

分類 マメ科センダイハギ属
分布 北海道、本州
環境 海辺の日当たりのいい砂浜、草むらなど
花期 5〜7月

小葉が3枚で、1つの葉である。高さ40〜80cm　(下)花は蝶形

歌舞伎の演目に伊達騒動を題材にした『伽羅先代萩』がある。この『伽羅先代萩』から〝センダイハギ〟の名前がついたといわれている。しかし、騒動のあった舞台の場所は宮城県だが、海辺に自生するというこの〝センダイハギ〟とは、どうも環境的に結びつかない。

センダイハギというのは北へ行くほど自生が多くなる。宮城県よりも岩手県や青森県、北海道に多い植物である。しかも、そういった地域の船を休ませておく船台脇で見かけた。

〝先代〟ではなく〝船台〟から〝センダイハギ〟という名前がついたとするほうが実情に合っている。

セントウソウ

【仙洞草】

別名／オウレンダマシ、クサニンジン

Chamaele decumbens

人里離れた仙人の住まいは、“仙洞(せんとう)”という。諸説あるが、これが最も妥当と思う。

長さが不ぞろいの花柄を出す。高さ10〜30cm　(下)オウレンに似た葉

名前の由来の説はいくつもある。まず最初の説。この植物は真冬の終わり頃から白くて小さな花を咲かせる。最初に咲かせるという意味合いの〝先頭(せんとう)〟。先頭をきって咲くというのが第1の説。

第2の説は、頭が尖るという意味の〝尖頭(せんとう)〟。葉の先がさほど鋭く尖っているわけではないが、尖っているように見える。

第3の説は、〝仙洞(せんとう)〟。これは、太上天皇の仙洞御所や仙人の住まいなどのことをいう。しかし、この第3の説の場合は、太上天皇の御所ではなく、人里離れた〝仙人の住まい〟を指している。そのような場所に

分類 セリ科セントウソウ属
分布 北海道～九州
環境 森のふち、林の中など
花期 4～5月
仲間 ミヤマセントウソウ（深山仙洞草）は葉の裂片が非常に細い変種。イワセントウソウ属のイワセントウソウ（岩仙洞草）は、P31参照。ヤブニンジン属のヤブニンジン（藪人参）は、葉がニンジンに似て、日本各地の林内や森のへりなどの藪に生える。

類似種との見分け方

▼ミヤマセントウソウ

▼イワセントウソウ

▼ヤブニンジン

自生しているという意味で〝仙洞草〟。この仙人の住まい説がいちばん妥当な考え方ではないかと思う。

セントウソウは、『物品識名』という文化6年発行の本にも出ており、江戸時代にはすでにつけられていた名前である。

なお、セントウソウの別名はオウレンダマシ。これは本種の葉がセリバオウレンやバイカオウレンなどの葉に似ていることから。もうひとつの別名クサニンジンは、赤い根の生えるセリ科のニンジンに似るが、利用価値はないので〝クサ〟とつく。

ゼンマイ
【銭巻】
Osmunda japonica

このシダの若芽の円形部を見ると、"銭（通貨）を巻いている"ように見える。

分類 ゼンマイ科ゼンマイ属
分布 日本各地
環境 山地の道沿い、丘の藪など

ゼンマイは〝ゼニマキ〟から。芽出しの渦巻き形の若葉は、銭を巻き込むような格好をしている。この〝銭を巻く〟という言葉がなまって、〝ゼンマイ〟となった。時計やからくり人形に使われるスプリング状の発条（ゼンマイ）も、銭を巻くという意味の、この植物名からつけられたと思う。

ゼンマイの若芽

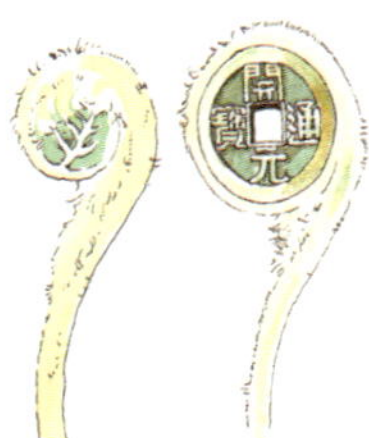

芽出し　銭を巻く

タイリントキソウ
【大輪朱鷺草】
別名／タイワントキソウ
Pleione bulbocodioides

"トキソウ"の花色と似るが、花が著しく大きいので"タイリン"。

分類 ラン科 タイリントキソウ属
分布 台湾原産。日本では栽培種として出回る
環境 標高1000mくらいの苔むした岩場や樹木に着生
花期 3〜4月

山地の湿った場所に自生し、白色を帯びたピンク色の花を咲かせる日本在来の野生ランに〝トキソウ〟というのがある。花がトキ色に似ていることからこの名前があるが、そのトキソウに比べて、非常に大きい花を咲かせるということで、〝大輪（タイリン）〟の言葉がついている。

唇弁にはオレンジ色の斑紋がたくさん入る

タイワンクマガイソウ → クマガイソウ（P91）／タカトウダイ → イワタイゲキ（P31）

タチガシワ

【立柏、太刀柏】

Vincetoxicum magnificum

まっすぐに立つので"タチ"、アカメガシワの葉に似るので"ガシワ"がつく。

分類 キョウチクトウ科カモメヅル属
分布 本州、四国
環境 山地の日陰
花期 4〜6月

葉は堅く大きいので皿代わりに使用していた

花は星形で、茶と黒が混ざったような渋い色。高さ30〜50㎝

タチガシワの茎は、つる状ではなく立ち上がっている。仲間のツルガシワはつる状になっているので、"ツル"がつき、それに対抗した名前である。また、実が細く"太刀(たち)"のように見えることからという説もあるが、形はそのように見えないこともないという程度で無理がある。

大昔の人は、トウダイグサ科のアカメガシワ、カシワ、ホオノキ、サルトリイバラなどの葉を食器代わりに使った。そのなかのアカメガシワの葉とタチガシワの葉の形が比較的似ているので、"カシワ"の名前がついたと思われる。なお、アカメガシワは"五菜葉(ごさいば)""菜盛葉(さいもりば)"と呼ばれていた。

タチイヌノフグリ → オオイヌノフグリ(P45)

タチツボスミレ
【立坪菫、立壺菫】
Viola grypoceras

開花の盛りを過ぎる頃、茎が立ち上がる。身近な道端や庭などの“坪（つぼ）”で見られる。

道端でよく見る。葉はハート形 （下）葉のつけ根に櫛の歯状の托葉がある

咲き始めは普通のスミレと変わらないが、花が初期から中期ぐらいになると茎が次第に立ち上がってきて高くなる。そのことから〝タチ〟という言葉がついた。

〝ツボ〟は〝坪〟の文字を当てている。この〝坪〟には、建物や塀で囲まれた狭い庭や、古くは宮中に向かう途中の道端などの意味がある。

このスミレが、庭とか道端、自然が残っているところならどこでも育ち、茎が立ち上がる性質をもつことから、〝タチツボ〟の名前がつけられた。

〝スミレ〟の語源には諸説があるがそのなかの有力説を紹介する。

分類 スミレ科スミレ属
分布 日本各地
環境 山地、野原、道端
花期 2～4月
仲間 オオタチツボスミレ(大立坪菫)は、葉が大きく、距の幅が広い。北海道～九州の日本海側の山地の林内に自生する。
ニョイスミレ(如意菫)は、P183参照。
テングスミレ(天狗菫)は、P168参照。

類似種との見分け方

▼オオタチツボスミレ

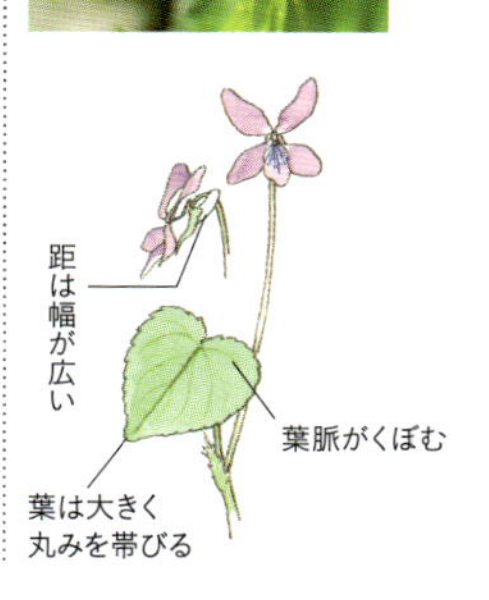

▼ニョイスミレ(ツボスミレ)

▼テングスミレ(ナガハシスミレ)

スミレの花の背後には、正面の中心部の穴から筒状に伸びている距がある。距は尻尾のような器官で、中に昆虫を誘う蜜がある。その距の形が、木材に線を引く大工道具の墨壺の端側の出っ張り部分と似ているので、〝墨入れ壺〟〝墨壺〟という言葉が〝スミレ〟となったという説である。

もうひとつは、『万葉集』で山部赤人(やまべのあかひと)の「春の野に須美禮(すみれ)摘みにと…」の歌で、須美禮は美しい女性を抽象的に暗示している。美しい女性と関係がありそうだ。

タツナミソウ
【立浪草】
Scutellaria indica

重なり合うように花の咲く姿が、葛飾北斎が描く"立浪"に似ている。

花は長さ2cmほど。茎の高さ20〜40cm

花が一定方向を向き、波がしらに似る

タ

タツナミソウの〝タツナミ〟は、立浪のことである。しかし、一般的には、海で実際の波がしらを見たところで、タツナミの花は連想できないだろう。

ところが、江戸時代後期の葛飾北斎の絵『富嶽三十六景』の神奈川沖浪裏の〝立浪〟を見ると、その立浪にこそ、タツナミソウの花が連想できる。

江戸時代以前の古文書にはタツナミソウの名前がなかったので、タツナミソウの名前は、江戸時代後期以後につけられたと考えられる。その命名者は、北斎の絵を知っていて、群れ咲くタツナミソウの花を北斎の絵の立浪に見立てたのだと思う。これが第1の

分類 シソ科タツナミソウ属
分布 本州、四国、九州
環境 低い山や丘などの草むら
花期 6月
仲間 コバノタツナミ(小葉の立浪)は、葉が小形であるので"コバノ"がつく。別名ビロードタツナミ。
トウゴクシソバタツナミ(東国紫蘇葉立浪)は、シソバタツナミに似るが、葉脈に白い斑が入るのが特徴。東北〜中部地方の山地の木陰に自生。

類似種との見分け方

▼タツナミソウ

▼コバノタツナミ

▼トウゴクシソバタツナミ

説。
　もうひとつの説を次に述べる。文机や違い棚のへりに、物が滑って落ちないように木枠がついている。この木枠のことを"筆返し"と呼ぶが、この筆返しの種類のひとつに"立波模様"がある。そのことに命名者が気づいて、タツナミソウという名前をつけたという説である。この説でも、実際の海を見ないで命名したと思える。

タニギキョウ → キキョウソウ(P75)

タネツケバナ

【種漬花、種付花】

Cardamine flexuosa

タネがやたらと飛び、あちこちで繁殖するのでこの名前がある。

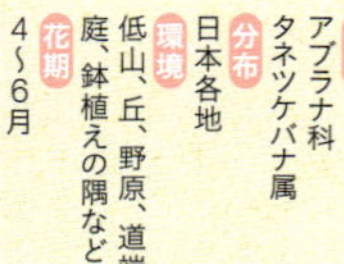

分類 アブラナ科 タネツケバナ属

分布 日本各地

環境 低山、丘、野原、道端、庭、鉢植えの隅など

花期 4～6月

先が丸くて、白い4弁花がいくつもつく。高さ10～30cm

タネを飛ばす前の実。長さ2cmほど

タネを飛ばした後の実

これまでの由来の説では、苗床をつくる準備の種籾を水に浸ける頃に、この花が咲くことから、この名前があるといわれている。そうだろうか。早春に咲く花は何種もあり、由来としては根拠に欠けると思う。

このタネツケバナは、実が熟すと、実を覆っていた皮が2つに分かれて勢いよく反転する。それと同時に中のタネが四方八方へ飛び散り、いたるところで発芽する。この繁殖力の強さから、〝種付け馬〟の意味合いを借用し、名前がついたと思う。

タンチョウソウ【丹頂草】

別名／イワヤツデ
Mukdenia rossii

赤い雄しべ付きの花、長い花茎、葉を"丹頂鶴"に見立てた。

分類 ユキノシタ科イワヤツデ属
分布 中国東北部、朝鮮半島原産。日本では栽培される
環境 低山の渓谷や岩場などの湿った場所
花期 3～4月

葉は多数に深く切れ込む。茎の高さ20cm　(下)白い花は上向きに咲く

〃タンチョウ〃という言葉は、丹頂鶴の頭を花、首を茎、羽を葉姿に見立てて、つけられた。

ところで、丹頂鶴は、日本では越冬地の釧路湿原で見られる鳥で、繁殖地は中国東北部の湖の周囲、湿原、沼などにある。一方、タンチョウソウは山の湿った岩場などに生える。この草と丹頂鶴を一緒に見比べることはできないので、名前をつけた人はたまたま丹頂鶴を見慣れていたのだろう。

この草には、〃イワヤツデ〃の別名がある。イワヤツデとは、岩場に生えてヤツデの葉に似ているという意味だが、ヤツデを小さくしたような葉があり、的を射た名前であろうと思う。ただし、浪漫のない名前ともいえる。

タンポポの仲間

【蒲公英】

Taraxacum spp.

古名は"鼓草"。蕾が似ていたためであろう。鼓をたたく音が"タンポポ"に。

概要
タンポポはキク科タンポポ属の総称である。黄色や白色の花を主に春に咲かす。花の下側のがくの部分を総苞といい、この形状や長さが種の判別に重要な手がかりとなる。

カントウタンポポ。日本在来の種類である（下）セイヨウタンポポの綿毛

▲タンポポの仲間のイメージ（カントウタンポポ）

タンポポの名前は、古名の〝鼓草(つづみくさ)〟によると考えられる。蕾は、鼓に似ている。また、こじつけのようだが、短く切った花茎の両端4～5カ所に浅くハサミを入れて水につけると、その部分が反転し、鼓のようになる。鼓はタンポン、タンポンと音をたてるが、この音が縮まって、〝タンポポ〟になった、という説。

ほかにも、捨て切れない説がある。タンポポの花後に綿帽子ができる。この綿帽子が風で吹き飛ばされた後に、綿帽子をのせていた〝台(花托(かたく))〟が残る。この下に反転した総苞(がくに相当)があり、この状態が稽古用のたんぽ槍に似る。綿帽子が残っていると、たんぽ穂！　たんぽ穂から〝タンポポ〟になったとか。

カントウタンポポ【関東蒲公英】

Taraxacum platycarpum

関東、静岡、山梨の日当たりのいい道端などに自生。花期は3～5月。花茎の高さ15～30㎝。

関東地方とその周辺に分布するので、〝カントウ〟とつく。

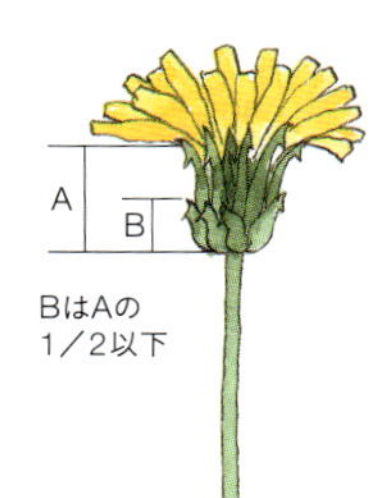

つぼみ。外側の総苞片の突起が下の方にある

セイヨウタンポポ【西洋蒲公英】

Taraxacum officinale

欧州原産。日本各地の道端や空き地に野生化。花期は3～9月。花茎の高さ15～30㎝。

欧州原産なので、日本在来種と区別するため〝セイヨウ〟とつく。

外側の総苞片が下に反転

明治時代、食用・牧草として輸入した

トウカイタンポポ【東海蒲公英】

Taraxacum platycarpum var. longeappendiculatum

東海地方の日当たりのいい道端、草むらに自生。花期は3～5月。花茎の高さ15～30㎝。

東海地方に分布するので、〝トウカイ〟とつく。

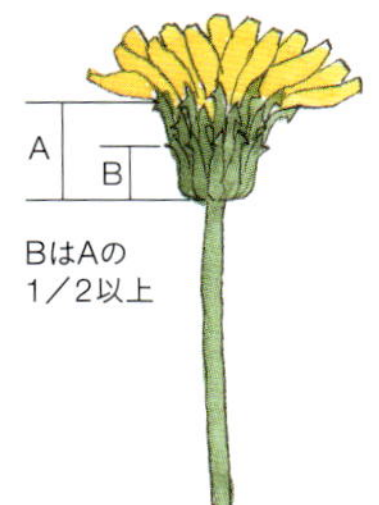

つぼみ。外側の総苞片の突起が上の方にある

カンサイタンポポ【関西蒲公英】

Taraxacum japonicum

近畿～南西諸島の日当たりのいい草むらなどに自生。花期は4～5月。花茎の高さ20㎝。

近畿地方を中心に分布するので、〝カンサイ〟とつく。

仲間に比べて、総苞の形がスマート

エゾタンポポ【蝦夷蒲公英】

Taraxacum venustum

北海道～北関東の農村のあぜ道、川の土手などに自生。花期は3～5月。花茎の高さ20～30㎝。

北海道や東北地方が主な自生地なので、名前に〝エゾ〟とつく。

A

B

BはAのほぼ1／2

外側の総苞片が下に反転しない

総苞片には三角状の突起がない

シロバナタンポポ【白花蒲公英】

Taraxacum albidum

関東～九州の日当たりのいい道端などに自生。花期は3～4月。花茎の高さ30～40㎝。

花びらが白いので〝シロバナ〟という。

花びらは白色

外側の総苞片の一部が反転することもある

九州ではタンポポは白色だと思っている人が多い

チガヤ

【血茅】

Imperata cylindrica var. koenigii

別名／ツバナ

赤くなる雄しべと雌しべを血染めと思い、カヤの仲間なので"血茅"。

分類 イネ科チガヤ属

分布 日本各地

環境 日のよく当たる乾いた草原

花期 5～6月

花後の花穂は銀白色になる。土手などに大群生し、高さ80cmにもなる

花の時期の花穂。赤紫色の雄しべと雌しべが目立つ

チガヤの名前の由来にはいくつかの説がある。まず、穂が出たばかりの頃は血液のように赤っぽいので、血の茅で"血茅"。第2の説は、チガヤは草原に大群生することが多く、千株もたくさん群生するということで、千の株の茅で"千茅"。さらに、穂が隠れている状態のときに穂を開いて噛むと甘味を感じる。この味が乳の甘味に似ていることから、"乳の茅"でチガヤ。私はいちばん最初の血のように見えるチガヤという説を、採用したい。

なお、チガヤの別名には、"ツバナ"が知られている。火打ち石で火をおこすとき、炎をとるためにチガヤの綿毛を利用していたようで、この火をつける"ツケバナ"が"ツバナ"になったという説である。

チゴユリ
【稚児百合】
Disporum smilacinum

小さな花なので"稚児(ちご)"、ユリの花と構造が同じなので"ユリ"がつく。

分類 イヌサフラン科チゴユリ属
分布 北海道～九州
環境 林内
花期 4～5月

実の大きさは約1cmで、黒く熟す

花弁は長さ1～1.5cm

〝稚児〟という言葉は、神社・寺院の祭礼などに天童（護法の鬼神が子ども姿になって人間界に現われたもの）に扮して行列に出ている子どもを指す。命名者は、〝小さい〟という意味で〝チゴ〟をつけ、あまりユリには似ていないが、花の構造が同じなので、〝ユリ〟とつけた。

チシマタンポポ
【千島蒲公英】
Hieracium alpinum

花がタンポポに似る。"チシマ"は園芸業者がつけた根拠のない名前。

分類 キク科ヤナギタンポポ属
分布 欧州原産
環境 標高の高い場所の岩場、砂礫混じりの草地に自生。日本では栽培される
花期 5～6月

多数の舌状花が1つの大きな花を構成する

ヒエラキウム・アルピニウムという学名だが、この名前では販売しづらいので、気の利いた和名をと園芸業者が考えたのが、〝チシマ〟。自生地とは無関係である。なお、花が咲いている状態は、タンポポに似ているが、ヤナギタンポポ属という近縁の植物である。

チシマギキョウ → キキョウソウ（P75）

チチコグサ

【父子草】

Euchiton japonicus

ハハコグサに対して、細身の葉をもち、地味な花なので、チチコグサ。

分類 キク科チチコグサ属
分布 日本各地
環境 道端、丘、低山など
花期 5～10月

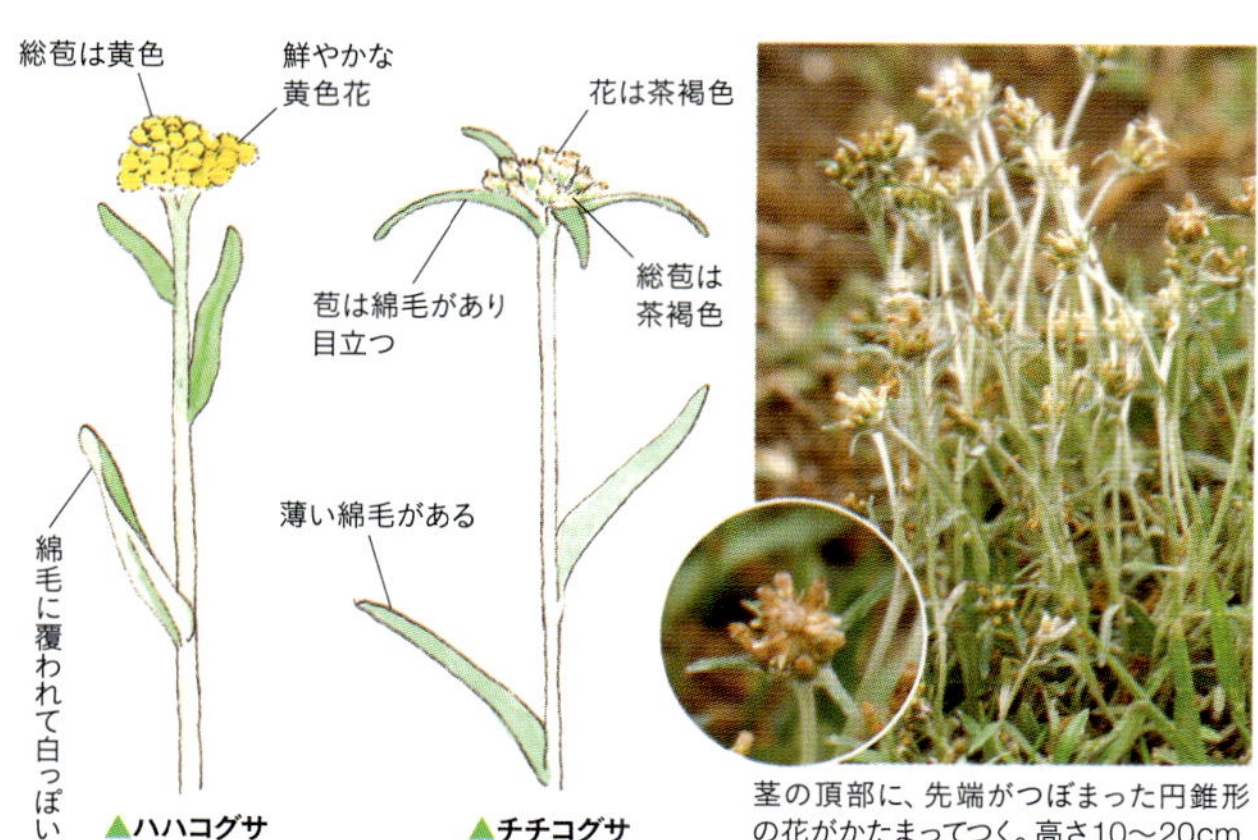

茎の頂部に、先端がつぼまった円錐形の花がかたまってつく。高さ10～20cm

このチチコグサという名前は、江戸時代に発刊された『物品識名（ぶっぴんしきめい）』という本に登場する。江戸時代にはチチコグサという言葉が使われていたことがわかる。

チチコグサは、どちらかというと細身で地味な花だ。葉の裏側に毛が生えた貧弱な草といえる。葉の両面が白っぽい綿毛に包まれ、非常に優しい感じがするハハコグサ（母子草）という草がある。それとよく似たチチコグサ（父子草）は、対比させるために〝チチ〟がつけられた。

〝コ〟だが、これは、〝ふなっこ〟や〝どじょっこ〟、〝嫁っこ〟など、下に〝コ〟をつけて親しみを込めた呼び方。なお、〝グサ〟については、チチコソウというよりも、チチコグサのほうが呼びやすいからだろう。

チチブシロカネソウ → アズマシロカネソウ（P13）

チャルメルソウの仲間【哨吶草】

Mitella spp.

江戸時代、唐人の笛を"チャルメロ"と呼んだ。花がそれに似る。

コチャルメルソウ。この仲間では最も分布が広い　(下)コチャルメルソウの花

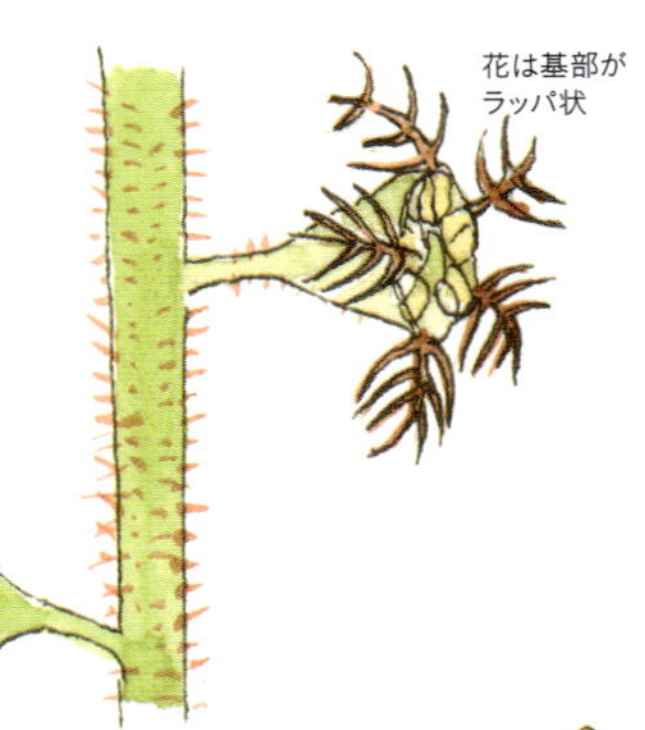

唐人笛をチャルメラともいう

▲**チャルメルソウ類のイメージ**(コチャルメルソウ)

チャルメルソウの花はとても小さいが、よく見ると、ちょうど昔の唐人(中国人)の笛や、朝鮮半島の人々が使っていた笛の太平簫(たいへいしょう)の先のように見える。

江戸時代、唐人の笛は喇叭(ラッパ)、あるいは銅角と呼ばれていた。これらは中国語で"チャルメロ"という。そして、銅角、喇叭、太平簫を俗に哨吶(さのう)(チャルメラ)とも呼んでいた。

そこで、命名者は哨吶の先の広がっている部分と、チャルメルソウの花が似ていることから、チャルメルソウの名前をつけたと思う。"チャルメラ"は、正しくはcharamelaだ

概要
チャルメルソウはユキノシタ科チャルメルソウ属の総称である。山地の沢沿いなどで、小さなラッパ形の花を主に春に咲かせる。魚の骨のような形をした花びらの切れ込み数と、葉の形状が識別に重要な手がかりとなる。

類似種との見分け方

▼チャルメルソウ

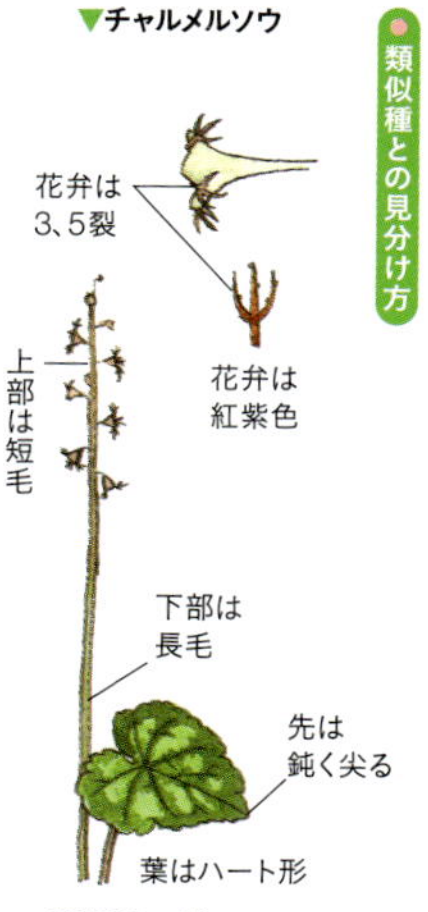

▼コチャルメルソウ

▼オオチャルメルソウ

花弁は5〜9裂
花弁は淡紅紫色
または淡黄緑色
葉はへりに不ぞろいな鋸歯があり、長い卵形
先は尖る
高さ20〜40cm

が、このなまった〝音〟で通用している。植物名には、さらになまった〝チャルメル〟が使われている。

　チャルメルソウの仲間は、福井・滋賀以西に分布するチャルメルソウ、本州〜九州に分布するコチャルメルソウ、紀伊半島以西に分布するオオチャルメルソウなど、10種余りが日本に自生する。どれも花が小さく、葉が似ている。見分け方の難しい仲間である。しかし、花弁の切れ込み数と葉の形とで、ある程度は見分けられる。

チョウジソウ【丁字草、丁子草】

Amsonia elliptica

この草の花が"チョウジ"の花に似ること、または、横から見ると"丁"の字に見えることから。

分類 キョウチクトウ科チョウジソウ属
分布 北海道、本州、九州
環境 川沿いの日当たりのいい湿ったところ
花期 5～6月

花はコバルトブルーで星形。高さ40～80cm　(下)横から見た花

チョウジソウは、江戸時代の中期に発行された『大和本草(やまとほんぞう)』という本に登場している。名前をつけるポイントは、花の形にあったと思われる。

この花の下の部分は胴長で、この部分が、香料になるフトモモ科のチョウジの花に似ている。江戸時代には、このチョウジがオランダから輸入され、乾燥させた花からは油分を取り出し、それを万能薬として盛んに販売していた。よく知れ渡っていたのであろう、そのチョウジの名前を借用して名づけたと思う。

また、この花を横から見ると、丁字形をしていて、"丁"という字に見える。その花形から"丁字草"の名前がついたという説もあるが、私は前者のほうと考える。

ツクバネソウ

【衝羽根草】

Paris tetraphylla

実の姿が、羽根突きの羽子に似るので、この名前がある。追羽子は昔の遊び。

分類 シュロソウ科ツクバネソウ属
分布 北海道～九州
環境 山地の雑木林や草むら
花期 5～8月

黄緑色の花びらが4枚
葉は4枚輪生
▲ツクバネソウ

内側の花びらは糸状で下に垂れる
外側の花びらは4枚
葉は6～8枚輪生
▲クルマバツクバネソウ

緑色の目立たない花が咲く。高さ20～40cm
(下)ツクバネの実

ツクバネソウという名前は、この植物の実の姿が、お正月に突く羽子板の羽子に似ていることから名前がついた。

羽子板で突く羽子は、ムクロジという木のタネに穴をあけて、短い羽に色をつけて4～5枚差し込んで接着剤でくっつけたもの。

ツクバネソウの実はもちろん羽子板で突くことはできないが、びっくりするほど似た形になる。実がつく頃になると、鳥に食べられたり、何かの拍子に落ちてしまって、羽に相当する部分しか残っていないということがよくある。

ツバメオモト

【燕万年青、鍔芽万年青】

Clintonia udensis

葉が展開するときの形が、刀の鍔に似るので、"鍔芽"万年青。

分類 ユリ科ツバメオモト属
分布 北海道～近畿
環境 針葉樹林
花期 5～7月

イワツバメが飛び交う頃に花が咲くので〝ツバメ〟、葉が〝オモト(万年青)〟に似る、というのが通説であるが、異説を唱えたい。春、葉が展開し始めたとき、一時的に葉の形が刀の〝鍔(つば)〟に見える。刀の〝ツバ〟と芽出しの〝メ〟、〝オモト〟の葉に似ることから、この名前がついたと思う。

ツバメオモトの芽出し

花びらは6枚。花柄は1～2cm

ツメクサ

【爪草】

Sagina japonica

細くて、先が尖る葉が猛禽類の足の"爪"に似ている。

分類 ナデシコ科ツメクサ属
分布 日本各地
環境 道端、荒れ地、丘の山道沿いなど
花期 3～7月

シロツメクサやアカツメクサのように、梱包用のクッションとして使われる〝詰草(つめくさ)〟ではない。この〝ツメ〟は、足の爪を意味する。もちろん人間の爪ではなくて、鷲や鷹などの猛禽類の爪である。小さいツメクサの葉は、細長くて先が尖っている。この形を猛禽類の爪に見立てた。

白くて小さな花は茎の頂上に咲く

ツボミオオバコ → オオバコ(P49)

ツル カノコソウ

【蔓鹿の子草】

Valeriana flaccidissima

花を集め、淡紅色に着色したら“鹿の子”絞りに似る。花後に這う茎がつる状に広がる。

分類 スイカズラ科カノコソウ属
分布 本州、四国、九州
環境 山地の森や林の中の比較的湿った場所
花期 4〜5月

仲間のカノコソウの名前が初めにある。“カノコ”とは鹿の子のことを指し、鹿の子の模様を表わした染物を“鹿の子絞り”という。淡いピンク色の花姿が鹿の子絞りに似ているので、この名前がある。ツルカノコソウは白色花で、つるを伸ばして殖える性質があるので“ツル”がついた。

小さな花が半円状に集まって咲く

ツル ハナシノブ

【蔓花忍】

Phlox stronifera

花は“ハナシノブ”に似て、“ツル”で増える。シバザクラやオイランソウと近縁。

分類 ハナシノブ科クサキョウチクトウ属
分布 北米原産
環境 日本では栽培される
花期 4〜5月

美しいハナシノブと科が一緒というだけで名前がついた。花は、ハナシノブにちょっと似ているが、全体は似ていない。本種は、日本にまったく自生していないクサキョウチクトウ属のシバザクラやオイランソウの仲間。“ツル”はつる状に這うように殖えることから。

淡い青紫色の花は、シバザクラに似る

つるで横に広がり、殖える

ツルネコノメソウ → ネコノメソウの仲間（P187）／ツルマンネングサ → コモチマンネングサ（P108）

テングスミレ

【天狗菫】

別名／ナガハシスミレ
Viola rostrata

花の背後にある距が、"天狗"の鼻を思わせるので、この名前がある。

分類 スミレ科スミレ属
分布 北海道、本州、四国。日本海側に多い
環境 山地や丘の道端、草があまり繁っていない斜面など
花期 4〜5月

タチツボスミレと似る。長さ1〜2.5cmの距がピンと立つのが特徴

スミレの花を横から見ると、長い尻尾のようなものが伸びている。これを距という。この距は、花の正面の穴から続いていて、中で蜜を分泌する。昆虫たちはこの距の中の蜜を吸いにやってくる。距というのは飾りではなく、昆虫たちを惹きつける重要な役割をしているわけで、昆虫たちがやってくることで、受粉が容易になる。

この長く伸びた距が、〝天狗の鼻〟に似ていることから、〝テング〟の名前がついた。

また、このスミレには〝ナガハシスミレ〟という名前がある。こちらのほうが一般的で、正式名として使われることが多い。ナガハシスミレも〝長いくちばし〟というような意味であろうか。

トウオオバコ → オオバコ（P49）

トウカイタンポポ
【東海蒲公英】
Taraxacum platycarpum var. longeappendiculatum

東海地方のタンポポ。ほかの種類とは、総苞の突起の位置で見分ける

分類 キク科タンポポ属
分布 東海
環境 日当たりのいい道端、草むら
花期 3～5月

東海地方は、静岡、愛知、三重などを指す。この地域に分布するので、"トウカイ"の名前がついた。総苞の外側に三角形の小さな突起がある。この位置が総苞全体の2分の1より上にあることが多い。現在ではほかのタンポポとの交雑が見られ、特徴が薄れているものも多い。

▲トウカイタンポポ
▲カントウタンポポ

別名はヒロハタンポポ

トウゴクサバノオ
【東国鯖の尾】
Dichocarpum trachyspermum

和名をつけるときに見た個体が"東国"産だったかも。花後につける実(み)が"鯖(さば)の尾"に似る。

分類 キンポウゲ科シロカネソウ属
分布 岩手～九州
環境 山地の沢沿いなど
花期 4～5月

東北～九州に分布していて、関東に多いというわけではない。この意味から"東国"の名前は適切ではない。和名をつけた際に、その個体がたまたま東国産であったのであろう。"サバノオ"は、花後にできるT字状の竹とんぼ形の実(み)を"鯖(さば)の尾"に見立ててつけた。

白いがくが5枚ある。高さ10～20cm

トウゴクシソバタツナミ → タツナミソウ(P153)

トウダイグサ
【燈台草】
Euphorbia helioscopia

上部の葉は、淡黄色に染まり、夜に部屋を明るくする"燈台"に似る。

黄緑色の部分が雌花。茎や葉を切ると白い汁が出る。高さ20〜40cm

〝トウダイ〟は、船の航行を案内する〝灯台〟ではなくて、昔の室内照明器具の〝燈台〟のことを指している。

燈台は、小さな土器の燈明皿に灯油を入れ、これに燈芯を浸して灯をともす。これを台に上げるわけだが、高い台の長檠、低い台の短檠のほかに細い棒を3本組み合わせて倒れないように結び、その上に灯油を満たした皿を置くものなど、いろいろな種類があった。

いずれにしても、トウダイグサのいちばん上の丸みを帯びて内側に囲むような形をした苞葉周辺の葉と花の姿に、燈台の皿と燈芯のイメージが

分類 トウダイグサ科 トウダイグサ属
分布 本州～沖縄
環境 日当たりのいい、やや湿った場所
花期 4～6月
仲間 タカトウダイ（高燈台）は、背丈が高く、高さ80cmにまで伸びる。本州～九州の丘陵や山地に自生。ナツトウダイ（夏燈台）は、P178参照。ノウルシ（野漆）は、P188参照。

類似種との見分け方

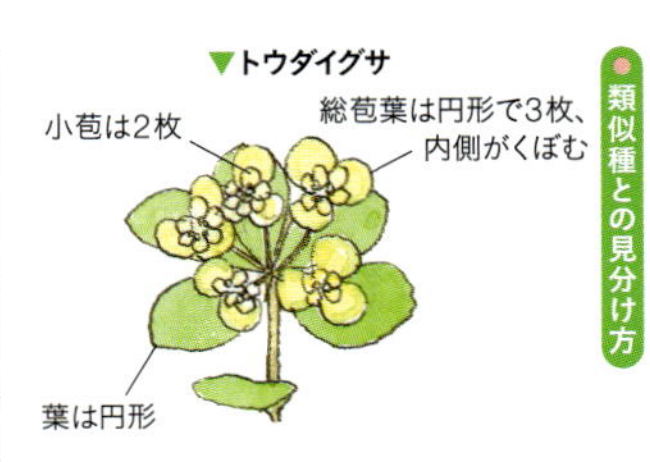

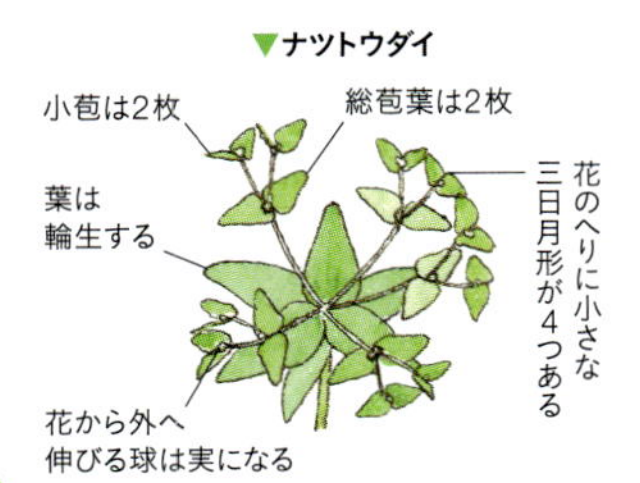

▼ノウルシ
総苞葉は3枚ずつ輪生する
葉は輪生する

▼タカトウダイ
小苞は2枚
総苞葉は3枚
花柄が長い
葉は輪生する

ト

あるので、トウダイグサという名前がついている。

昔の油はアブラナから得ていた。アブラナは中国から渡来したもので、明治時代に渡来したセイヨウアブラナと異なり、葉が暗緑色の草。現在はセイヨウアブラナが河川敷の土手や道端でよく見られるが、アブラナは少ない。

燈明皿に油を入れ、燈芯草（イグサの中芯）を使った燈芯に灯がともると、灯は燈明皿に遮（さえぎ）られて、その下が暗くなる。このことから〝燈台もと暗し〟という教訓的な言葉が生まれた。

トウバナ【塔花】

Clinopodium gracile

1段、2段、3段と花がかたまって段咲きする姿を、三層や四層の仏塔に見立てた。

分類 シソ科トウバナ属
分布 本州～沖縄
環境 山村の道端、山道、郊外の丘の草むらなど
花期 5～8月

茎の基部は横に這う。高さ15～30cm
（下）花は長さ5mmほど

花が咲いている状態は、かたまって段々になっているように見える。仏塔の三重塔、あるいは五重塔のようなイメージがあり、仏塔の〝塔〟をとって、トウバナという名前がついた。

仏塔は、仏教信仰や寺の霊域を象徴する建物で、そこには宗派の高僧やお釈迦様の遺骨を安置してある。

仏塔には、三重塔と五重塔が知られているが、ほかに二重塔、多宝塔、十三重塔がある。

なお、お寺の建物や装飾からとって、花の名前に当てたものは多い。塔の屋根の上に9つの輪があり、それに見立ててクリンソウ、クリンユキフデ。屋根の軒に吊した宝鐸（ほうちゃく）に見立てたホウチャクソウなどがある。

トキソウ
【朱鷺草】
Pogonia japonica

トキソウの花は淡いピンク色で、"トキ"が翼を広げたときの色と似る。

分類 ラン科トキソウ属
分布 北海道〜九州
環境 湿地
花期 5〜7月

5枚ある花びらのうち、外側の花びら3枚は反転する。高さ10〜30cm

日本ではほとんど絶滅に近い朱鷺（とき）が翼を広げた際に、翼下面に薄いピンク色が見える。これを朱鷺色と呼んでいる。トキソウの花の色が朱鷺色に似ていることから、"トキソウ"の名前がついた。

"トキソウ"とついた植物に、山草愛好家に人気のタイリントキソウがある。トキソウと花色がよく似ていて、大輪なのでこの名前がついたのであろう。

朱鷺の学名はニッポニア・ニッポン。日本が2つつながるほどの名前がつけられているが、トキソウもポゴニア・ジャポニカと、やはり日本に関係のある学名がつけられている。偶然であると思うが、面白いものだ。

ラン科なので、花弁状の花びらが5枚。外側の花びら3枚ががく片。下側には目立つ唇弁（しんべん）があり、唇弁の上には手を合わせたような形で側花弁（そくかべん）が2枚ある。

トキワハゼ
【常盤爆ぜ】
Mazus pumilus

一年中花を咲かせるので"トキワ"、タネは爆(は)ぜるので"ハゼ"がつく。

分類 サギゴケ科 サギゴケ属
分布 日本各地
環境 庭先、山里の空き地、山道沿い、都市の道路際など
花期 4〜10月

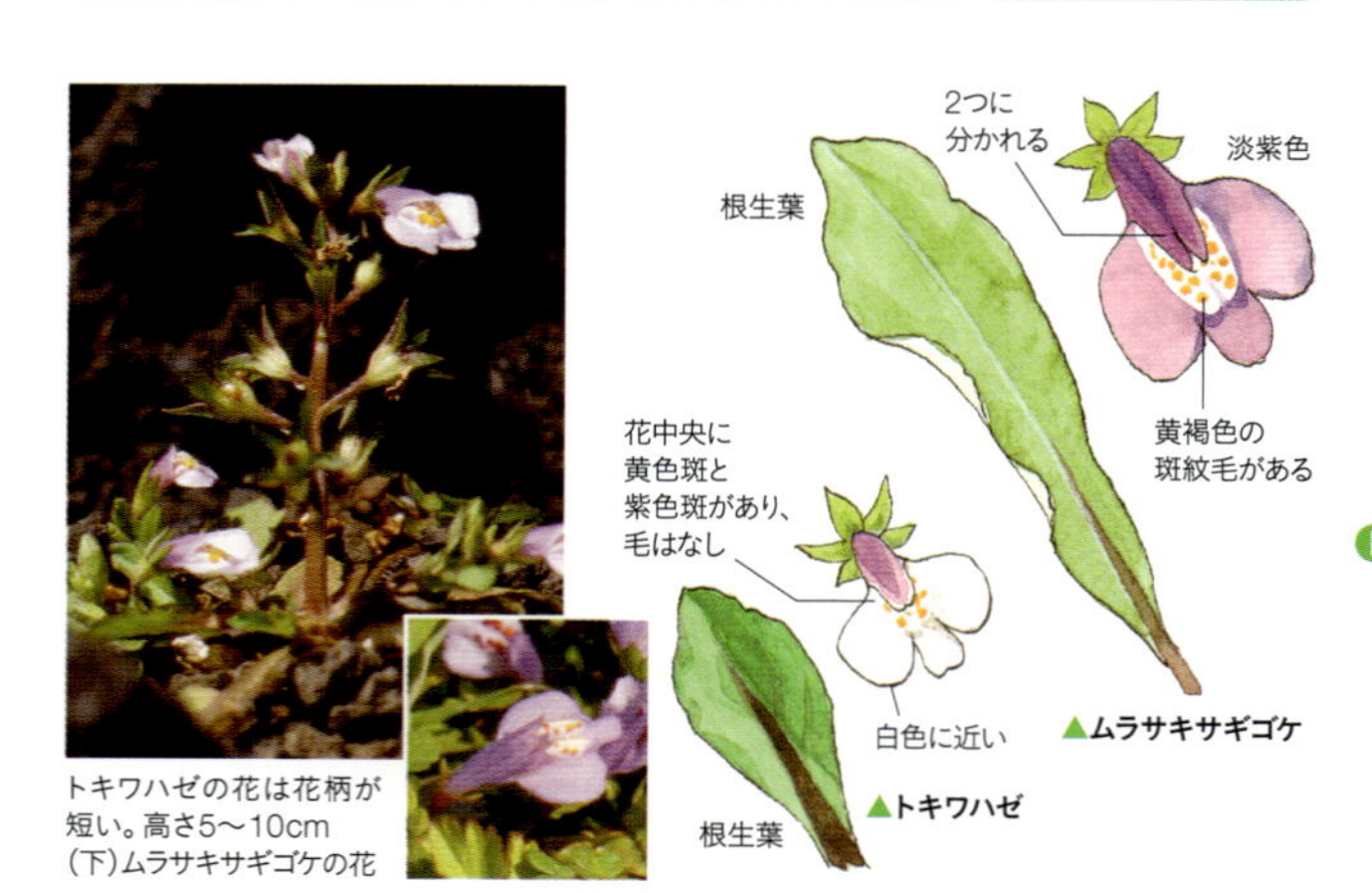

トキワハゼの花は花柄が短い。高さ5〜10cm
(下)ムラサキサギゴケの花

一年中、葉は枯れずに残っていて、暖かい地域では、次から次へと花が咲いている。そういうことで、常に変わらないという意味をもつ"常盤"の文字を当て、"トキワ"の名前がついた。

"ハゼ"という言葉は、タネが飛び散るときに、爆発というほどではないが、爆(は)ぜる(飛散する)様子をいい表わしている。

ところで、トキワハゼによく似た植物にムラサキサギゴケがある。見分け方は、花はどちらも淡紫色だが、唇弁(しんべん)に似た部分が大きく、花の中央に黄褐色の斑が目立つのはムラサキサギゴケ。その部分には毛があり、トキワハゼにはない。ムラサキサギゴケはつる状の茎で広がる。

トキワイカリソウ → イカリソウ(P23)

トラノオシダ

【虎の尾羊歯、虎の尾歯朶】

Asplenium incisum

小さな"シダ"である。葉先がだんだん細くなり、くるりと反り返るのを"虎の尾"に見立てた。

分類 チャセンシダ科チャセンシダ属
分布 日本各地
環境 野山の道端、石垣の溝、人家近くの岩場など

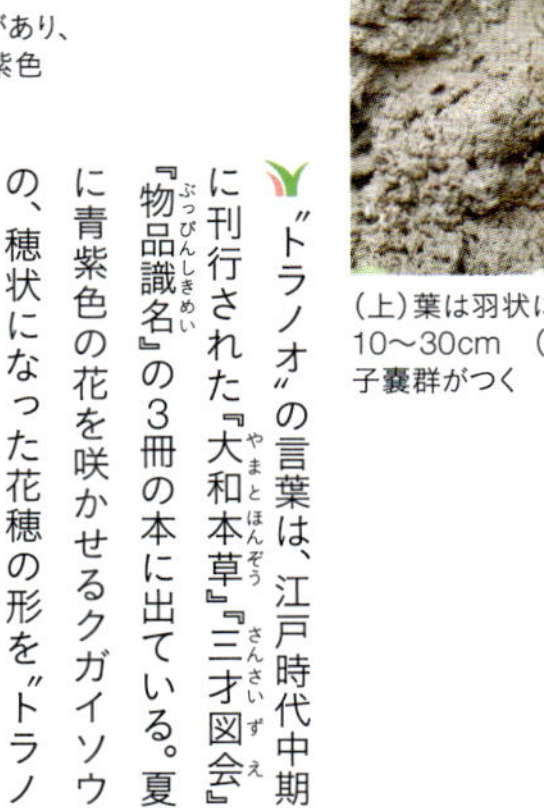

(上)葉は羽状に分裂し、長さ10〜30cm　(下)葉裏に胞子嚢群がつく

〃トラノオ〃の言葉は、江戸時代中期に刊行された『大和本草(やまとほんぞう)』『三才図会(さんさいずえ)』『物品識名(ぶっぴんしきめい)』の3冊の本に出ている。夏に青紫色の花を咲かせるクガイソウの、穂状になった花穂の形を〃トラノオ〃とも呼んでいる。

〃トラノオシダ〃の名前は江戸時代後期の『綱目啓蒙(こうもくけいもう)』に出ている。身近なシダだったと思われる。小さいシダに〃虎〃の名前がついたのは、葉先がだんだん細くなりくるりと少し曲がっているところに、〃虎の尾〃のイメージを感じたのであろう。

ナズナ【薺】

別名／ペンペングサ
Capsella bursa-pastoris

春の七草だけに、由来は諸説ある。"撫でる菜""夏無き菜"など。

どこでもよく目にする。別名ペンペングサ（下）三角形の実は長さ6mmほど

春の七草のひとつとしてもお馴染みの草だ。

ナズナの語源にはいろいろな説がある。まず、〝撫（な）でる菜〟。菜とは食べられるものを意味する。撫でるように愛らしいということだろうか。

第2の説。ナズナは冬から早春に、ロゼット形といって、葉が地際に放射状に広がって冬を越す。早春になると花茎が伸びて花を咲かせる。夏になると枯れてなくなる。夏になくなる菜ということで、〝夏無き菜〟。これが縮まって〝ナズナ〟となったという説。

第3の説。朝鮮語の方言では、〝ナズナ〟をナシ、ナシン、古い言葉でナジという。ちな

分類 アブラナ科ナズナ属
分布 日本各地
環境 道端、畑や田んぼのあぜ道、農村の空き地、山道沿いなど
花期 3～6月
仲間 イヌナズナ（犬薺）はP27参照。グンバイナズナ（軍配薺）は実の形が軍配状である。マメグンバイナズナ（豆軍配薺）は軍配の形がさらに小さく、たくさんつくのが特徴。

類似種との見分け方

▼マメグンバイナズナ
花は白色で4弁花
実は小さな軍配形で多数つく
葉は長楕円形
高さ20～40cm
葉柄あり

みに、ナズナの古名がカラナズナ。〝カラ〟は唐のカラではなくて、朝鮮の〝カラ〟である。朝鮮半島では古くからお粥にナズナを入れる習慣があったそうで、この習慣が日本へ伝わったときに、ナシ、ナシン、ナジという言葉が〝ナズナ〟になったのではないかという説である。

また、ナズナには〝ペンペングサ〟という別名がある。実の形が三味線の撥（ばち）に似ていて、三味線を弾く音をとって、名づけられた。

ナツトウダイ【夏燈台】

Euphorbia sieboldiana

春咲きなのに"ナツ"とつく。草姿は照明の燈台に似ている。

分類 トウダイグサ科トウダイグサ属
分布 北海道～九州
環境 山地、丘、道端、草むら
花期 4～5月

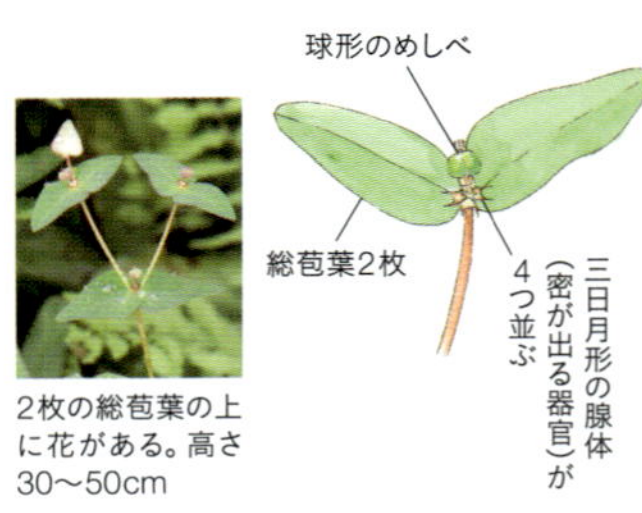

2枚の総苞葉の上に花がある。高さ30～50cm

春に咲き、夏は咲かない。命名者はたまたま遅咲きを見て、"ナツ"とつけてしまったと思われる。"トウダイ"は、家の中を明るくするかつての"燈台(とうだい)"。トウダイグサの名前をこの草にもつけた。花の特徴は、三日月形をした紫色の腺体が4つあること。この形が見られる仲間はない。

ナベワリ【舐め割り、鍋破】

Croomia heterosepala

花に毒成分があり、舐(な)めると舌が割れそうだという説あり。この毒成分で、鍋が破れる説も。

分類 ビャクブ科ナベワリ属
分布 関東～九州の太平洋側
環境 山地の森の中の湿った斜面など
花期 4～5月

葉はハート形で、葉脈がはっきりとしている

黄緑色の花が下向きに咲く

花を舐(な)めると舌が割れるほど刺激が強いので、"舐め割り"がなまって"ナベワリ"になったと一般にいわれている。しかし、江戸時代には"鍋破"の名前があり、ドクウツギにもこの漢字を当てていた。実(み)が有毒で、鍋に実を入れると割れるといった警鐘で"鍋破"の名前がついたと思う。

ナルコユリ

【鳴子百合】

Polygonatum falcatum

茎から垂れる花姿は、鳥を驚かすための仕掛けである"鳴子（なるこ）"に似る。

分類 クサスギカズラ科アマドコロ属
分布 北海道～九州
環境 山地や丘の雑木林などの湿ったところ
花期 4～5月

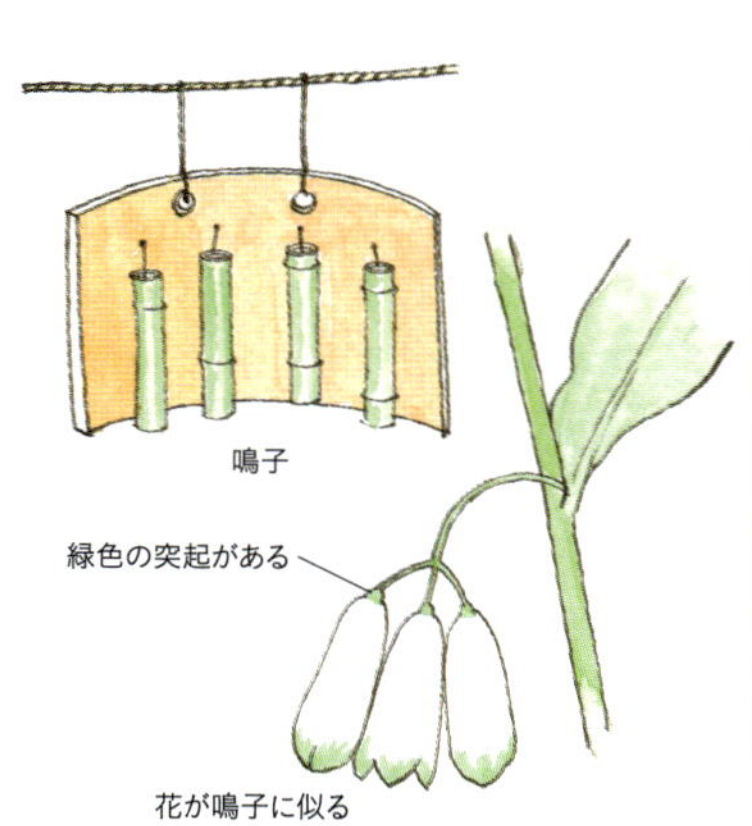

葉はアマドコロよりやや細く、茎は丸い。大きなものは1mにもなる

"鳴子"は、秋に田んぼが実る頃、鳥を驚かせて、実った稲を食べさせないようにする仕掛けで、風が吹くとカラカラと鳴る。いろいろな方法があるが、木板に、短く切った竹の筒をいくつか吊るし、その木板に紐を結びつけ、田んぼの端と端に張った綱などにぶら下げる。これが風に吹かれると、竹の筒が木板に当たり、空洞になっている竹の中が共鳴して、カラカラと大きな音がする。

ナルコユリは春に花柄（かへい）を伸ばして、筒状になった花がいくつか並んでぶら下がる。その姿に、"鳴子"の竹筒のイメージが合って、ナルコユリという名前がついた。

ニオイタチツボスミレ【匂立坪菫、匂立壺菫】

Viola obtusa

香りが強いので“ニオイ”。茎が立ち上がるので“タチ”がつく。

分類 スミレ科スミレ属
分布 北海道～九州
環境 山地のよく日の当たる草むらや山道
花期 3～4月

花の香りが高く、花は紫色で中心が白い。高さ10～15cm

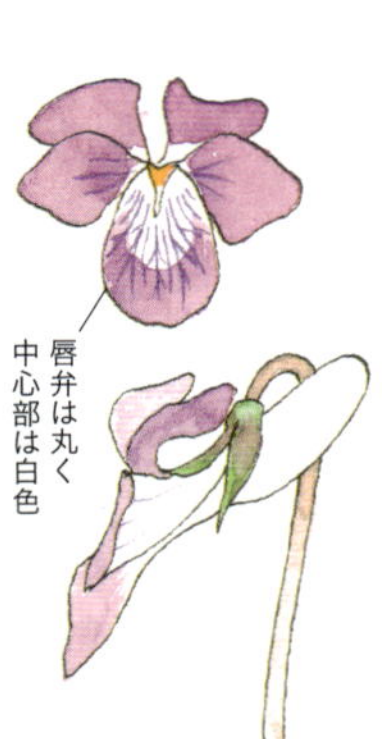

▲ニオイタチツボスミレ

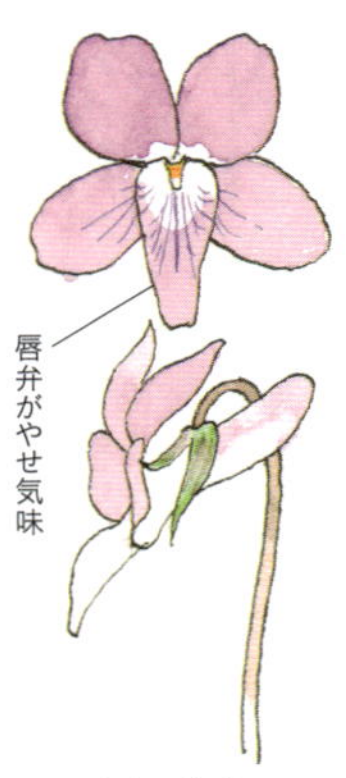

▲タチツボスミレ

このスミレはよく香る。それで〝ニオイ〟という名前がついた。〝タチ〟は、花が咲いているときにはほかのスミレと同じなのだが、花が終わると茎が伸び上がることから名づけられた。なお、茎が伸び上がると、伸びた茎にまた花がつくという性質をもっている。これらを地上茎といっている。

〝ツボ〟は、〝坪〟である。中庭とか、宮中へ行く途中の道端といった意味をもつ漢字を当てて、この種の自生地を示している。

そして、スミレという言葉だが、大工が木材に墨の線を入れるために使う道具の墨壺に由来する。その墨壺の一部が、スミレの花の後ろにある尻尾のような距（きょ）に似ているという理由でついた。

ニガナ【苦菜】

Ixeridium dentatum ssp. dentatum

昔から食べていたので“ナ(菜)”。葉や茎を傷つけると出る乳液は舐(な)めると“苦”い。

分類 キク科ニガナ属
分布 日本各地
環境 山地の道端、農村の空き地など
花期 5～7月

花の直径は約1.5cm
(下)亜種のシロバナニガナ。舌状花の数が多い

〝苦い菜〟というのが名前の由来である。この草の葉や茎を折ったりすると、白い乳液が出る。これを少し指につけて舐(な)めると苦い。ところが、これを茹でて食べると、少し苦みは残るが、まずまずのおいしさがある。〝菜〟がつく場合は、原則として食べられることを表わす。昔は、今のように外来の野菜がない時代だったので、野山にある草を採って食材にしていた。食べられるか、そうでないのかを名前で表わしていたのだ。

ニガナの名前は、江戸時代の『大和本草(やまとほんぞう)』『三才図会(さんさいずえ)』など、7～8種類の書物に載っている。庶民にもよく知られていた山菜のひとつだったといえる。

ニシキゴロモ
【錦衣、二色衣】
Ajuga yesoensis

葉は緑色で、葉脈に紫の筋が入る。なぜ"錦衣"かと疑問。2色で二色衣かも。

分類 シソ科キランソウ属
分布 北海道、本州、四国
環境 草があまり繁っていない森や林の中
花期 4〜5月

葉は地際に集中する。高さ5〜15cm
(下)花はジュウニヒトエに似る

ニシキゴロモの花

"錦"というのは、もともと絹織物のことで、金糸といろいろな色彩の糸を織り込んだ豪華な厚地の反物をいった。美しい物にたとえる言葉としても使っていた。この草の葉が、紫色を帯び、葉脈が赤く、とても美しい色なので、"ニシキ"がつけられたと考えられる。

"コロモ"は"ニシキ"のもつ豪華という意味と連動して、高僧の紫地の衣服が思い浮かぶ。また、花の形からは薄手の紫の衣を着た僧の姿が連想させられる。葉姿からくる高僧の衣服と花形からくる僧の着衣をイメージして"コロモ"はつけられたと思える。なお、こじつけだが、葉の緑と葉脈の紫色の2色だから、"錦衣"ではなく"二色衣"とも思える。

ニョイスミレ

【如意菫】

Viola verecunda

別名／ツボスミレ（壺菫、坪菫）

花柄は長く伸び、先端に花をつける姿が、高僧が持つ“如意”に似る。

分類 スミレ科スミレ属
分布 北海道～九州
環境 高原地帯の湿ったところ、平地の丘や道端
花期 3～5月

僧が説法のときに持つ如意

茎は次第に立ちあがる。高さ5～25cm
（下）唇弁の中心部に濃い筋が入る

“如意（にょい）”というのは、もともとは、知恵の神様で知られる文殊菩薩（もんじゅぼさつ）が、右手に持っていた長い棒のような物で、物事を忘れないための道具のひとつといわれている。その後、高僧が法話や儀式を行なう際に持っているが、これは権威の象徴のように私は思う。

ところで、この“如意”の形に、花と花柄（かへい）が似ているのがニョイスミレだ。花柄は非常に長く伸び、先端に花を咲かせる。花柄のカーブの仕方が“如意”のカーブとよく似ている。そこから“ニョイ”の名前がついた。

ニョイスミレは別名を“ツボスミレ”という。ツボスミレの“ツボ”は、庭や道端を指す“坪”で、そういったところで見られる。

ニリンソウ
【二輪草】
Anemone flaccida

必ず1輪しか咲かないイチリンソウ。2輪咲きとはいえない兄弟のニリンソウ。

分類 キンポウゲ科イチリンソウ属
分布 北海道〜九州
環境 雑木林、森陰などに群生
花期 3〜4月

花びらに見えるがくが5枚ある。イチリンソウに比べてやや小形である

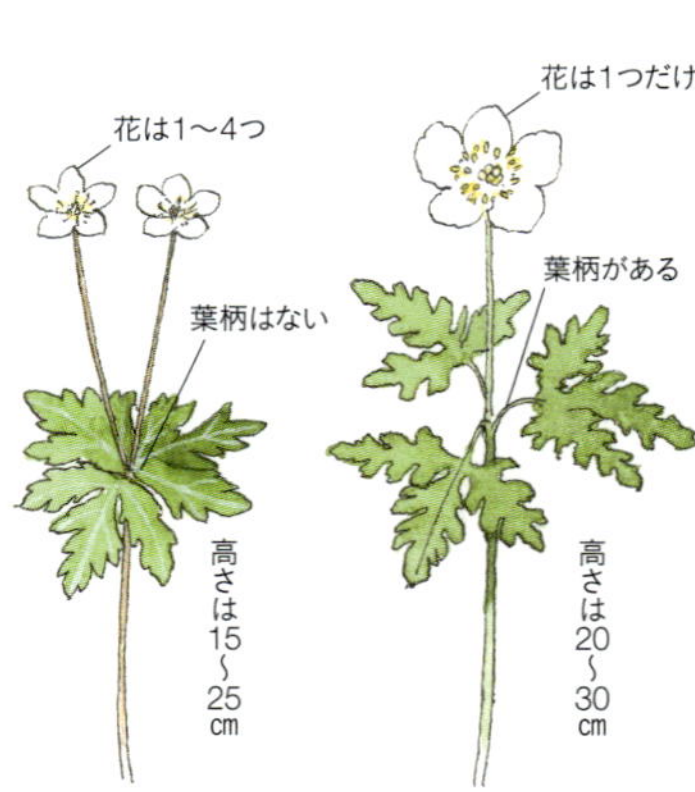

ニリンソウの名の由来については、この仲間のイチリンソウ、サンリンソウと一緒に考えてみる必要がある。イチリンソウの場合は、花が1輪しか咲かない。そしてニリンソウは2輪咲くから、と考えたいのだが、実際は1輪の場合も、3輪、あるいは4輪咲くこともある。しかしニリンソウという名前がついている。サンリンソウは、標高が高いところの森の中などに群生する草だが、この場合も1輪の場合もあれば、2輪咲いたり、名前のとおり、3輪咲くこともある。

　このようにニリンソウとサンリンソウは、花数が定まっていないのに、2輪や3輪と決められて、都合のいい名前がつけられた。

ニワゼキショウ

【庭石菖】

Sisyrinchium rosulatum

"セキショウ"の葉に少しだけ似て、"庭"の芝生に現われることから。

分類 アヤメ科ニワゼキショウ属
分布 北米原産。日本各地に野生化
環境 芝生、道端、野原など
花期 5〜6月

セキショウの花。ニワゼキショウの花とは形がまったく異なる

明治時代の中期頃に渡来した。淡い紫色の小さな花が咲く。高さ20〜30cm

芝生がある家では、必ずと言っていいほど出現する。かわいらしい花が咲く小さな草だ。庭の芝生にニワゼキショウが群生するのは、なかなかの風情である。

この草は、サトイモ科のセキショウという植物の葉に似ているので、〃セキショウ〃と名前がつけられた。セキショウの草姿を少し弱々しく小さくしたような葉姿である。

セキショウというのは、花は地味で、ニワゼキショウのようにかわいらしくもなく、ツクシのような花が咲く。ところが、よく似た葉を揉んでみると、すっきりとしたとてもいい香りがする。しかし、ニワゼキショウの葉には、このような香りはない。

ネコノメソウ【猫の目草】

Chrysosplenium grayanum

一日ごとに色が変わる苞(ほう)や、花後に裂け目ができる実を、"猫の目"に見立てた。

分類 ユキノシタ科ネコノメソウ属
分布 北海道、本州
環境 山地の湿った場所
花期 4〜5月

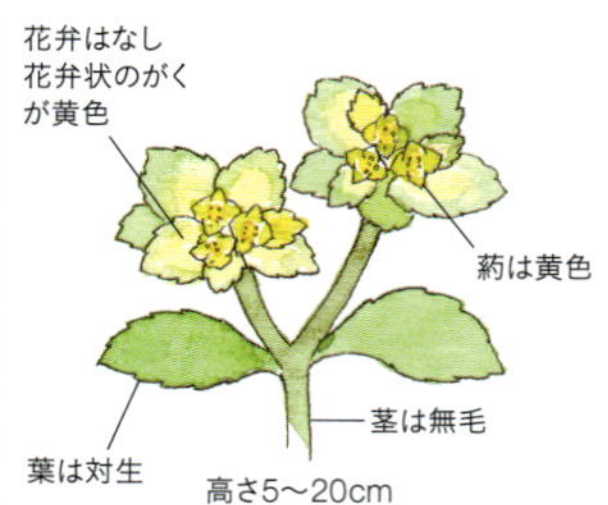

猫の瞳の形は明暗ですばやく変化する

(上)花期のネコノメソウ　(下)ヤマネコノメソウの実。赤いのはタネ

〝ネコノメソウ〟は、実ができるとその先端に裂け目ができ、そこが2つに開く。そして中にタネが見える。それが、猫の瞳孔に似ていることから、この名前がついたという説がある。さらに別の説もある。一日ごとに花に近い葉の色が変化していく。地味な色だった葉が、徐々に黄色くなり、さらに鮮やかな黄色に移る。そしてまた、緑色に戻っていく。その変化を、瞳孔の開きが瞬時に変わる猫の目に置き換えて〝ネコノメソウ〟とつけた。

ヤマネコノメソウ【山猫の目草】

Chrysosplenium japonicum

北海道南部〜九州の山里近くの湿った石垣などに自生。花期は3〜4月。

ほかの種と区別のために〝ヤマ〟をつけた。

花弁はなく、花弁状のがくが4枚で、淡黄色

葯（花粉）は黄色

葉は互生

葉のへりに浅い鋸歯がある

花茎にまばらな毛がある

高さ10〜20cm

この仲間では最も普通に見られる

ツルネコノメソウ【蔓猫の目草】

Chrysosplenium flagelliferum

北海道〜近畿、四国の山地沿いの湿地に自生。花期は4〜5月。

花後に〝つる〟状の走出枝が出る。

円形の葉には鋸歯があり、毛が生えている

ヨゴレネコノメソウ【汚れ猫の目草】

Chrysosplenium macrostemon var. atrandrum

関東〜九州の低山の沢沿いに自生。花期は4月。

葉に灰白色の斑紋があるネコノメソウの仲間。

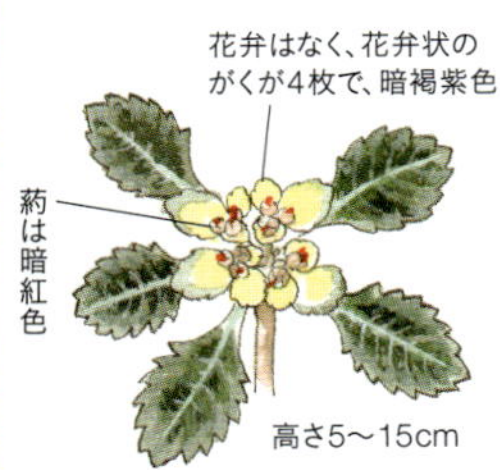

関東以西の低山の沢沿いに自生

イワボタンの変種。両種はよく混生する

ノウルシ【野漆】

別名／サワウルシ
Euphorbia adenochlora

湿気のある地に群生する。草の乳液に触れるとかぶれるので注意。

分類 トウダイグサ科
トウダイグサ属
分布 北海道～九州
環境 川岸、湿地帯などの湿ったところ
花期 4～5月

茎の上部で細長い葉が何枚も輪生状につく。花の周りには黄色い小苞がある

湿地で葉が黄色い集団を見つけたら、ノウルシの可能性が大。高さ30～60cm

〝ウルシ〟の幹を傷つけて漆液を採ったものが塗料に使われる。このウルシの液はとてもかぶれやすい。ノウルシの葉や茎などを傷つけると乳液が出てくる。それが肌の弱いところにつくと、ウルシにかぶれたような状態になる。〝ウルシ〟によく似た性質があるということで、〝ノウルシ〟。

別名に〝サワウルシ〟がある。沢沿いの湿ったところに自生することから、この名前がある。

サクラソウなどが群生している湿地にノウルシが入り込み、弱らせて減少させるということをよく目にする。とても丈夫だが、その場所が乾燥するといつの間にかノウルシは消えてしまう、という弱点がある。

なお、このノウルシは日本固有の植物で、中国にはなく、漢名はない。

ノゲシ

【野罌粟、野芥子】

別名／ハルノノゲシ

Sonchus oleraceus

“ケシ”の仲間に葉が似る。古名“ツバヒラクサ”は、刀の鍔が開いた形から。

分類 キク科ノゲシ属
分布 日本各地
環境 街角の空き地や、山里の道端、野原など
花期 4～7月

葉の縁には鋸歯状に尖った刺があるが、触っても痛くない　(下)ノゲシの花

よく似たオニノゲシの葉。刺に触ると痛い

江戸時代後期に日本に渡来してきたアザミゲシという植物がある。葉がアザミに似て、花色は違うが花形はケシに似ている。それでこの種に〝ケシ〟の名前がついている。このアザミゲシとノゲシは花形は似ていないが葉の形が似ている。そこで、アザミゲシの葉から〝ケシ〟の名前を借用してノゲシとついた。

ノゲシの古名に〝ツバヒラクサ〟がある。ノゲシの葉の基部が茎を抱いているが、両側が開いて、あたかも鍔(つば)が開いているように見えることから。

 ノハナショウブ → ハナショウブ(P198)

ノボロギク

【野襤褸菊】

別名／ボロギク

Senecio vulgaris

花後の、タネのついた綿毛が綿の"ぼろ"のよう。野原で見かける草なのでノボロギク。

分類 キク科キオン属
分布 日本各地
環境 街角の道端や農村の草むら
花期 1～12月

"ボロ"の由来になった綿毛

黄色い花の先端がすぼまってつく

野原の〝ぼろ菊〟という意味の非常にかわいそうな名前がついている。野原だけでなく、身近な道端や空き地などにもよく見かける草だ。花期には、花が咲ききらないような状態で、花の後に、綿毛のようなものが出る。それを綿の〝ぼろ〟と見なして、〝ボロギク〟という名前がついている。

ノミノツヅリ

【蚤の綴り】

Arenaria serpyllifolia

小さな葉が枝先に重なり合う姿を"蚤(のみ)"に着せる粗末な"着物(綴(つづ)り)"にたとえた。

分類 ナデシコ科ノミノツヅリ属
分布 日本各地
環境 山地や郊外の日の当たる道端、土手、空き地
花期 4～6月

花は白色の5弁花で、直径は約5mm

名前の〝ノミ〟は、動物の名前〝蚤(のみ)〟を借用して大きさを表わしている。〝綴(つづ)り〟は、僧の衣、法衣、つづり合わせた着物、つぎはぎの衣などの意味がある。ノミが着るものだから、粗末な着物であろう。茎の上部に小さな葉が向かい合っているあたりをノミの粗末な着物に見立てた。

ノミノフスマ

【蚤の衾】

Stellaria uliginosa var. undulata

小さな"蚤(のみ)"が"衾(ふすま)"として使えそうな葉を名前で表わしている。"衾"は寝具の一種。

分類 ナデシコ科ハコベ属
分布 日本各地
環境 山地の道端、野や丘の草むらなど
花期 4～10月

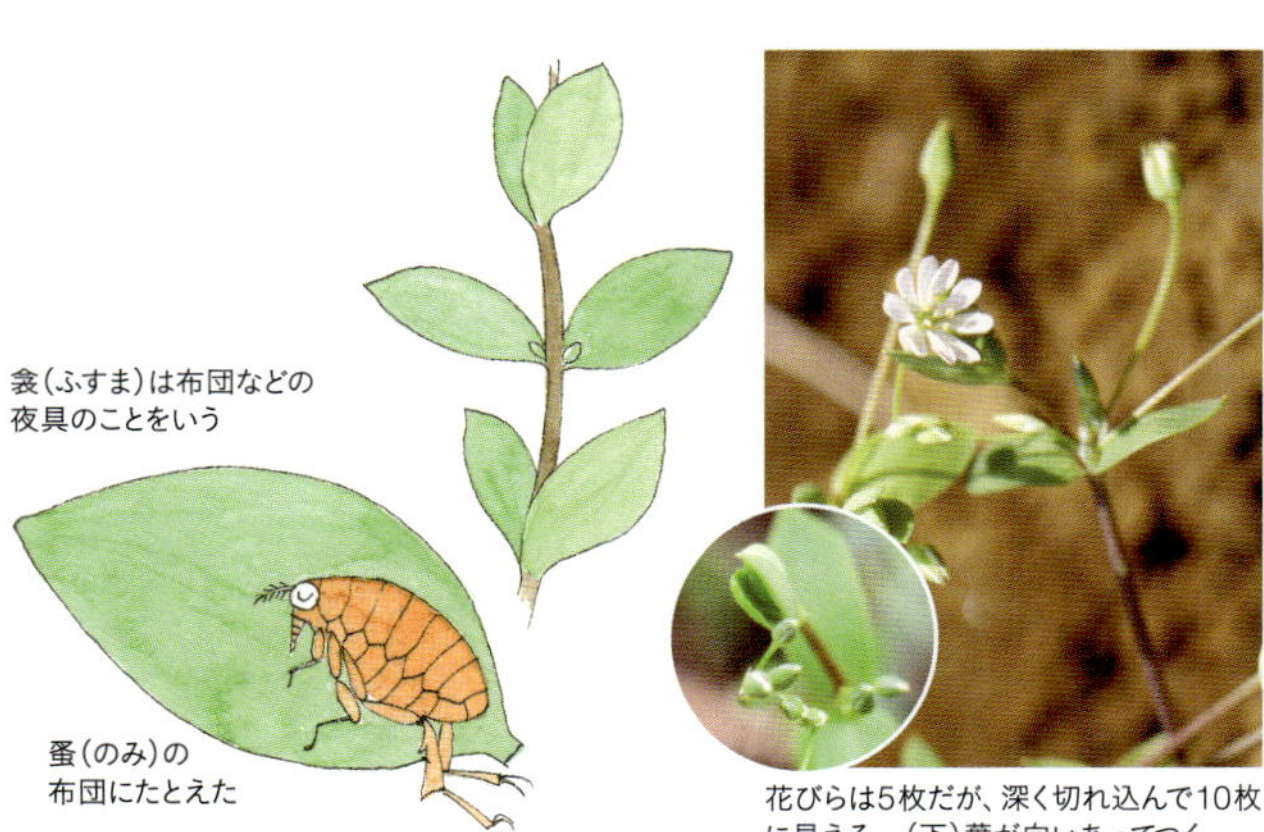

花びらは5枚だが、深く切れ込んで10枚に見える　(下)葉が向いあってつく

〝蚤(のみ)〟とは、小さいという意味を表わす言葉。〝衾(ふすま)〟は、唐紙や障子の1種のようなものではない。綿と布でつくった布団、寝るための夜具を〝衾〟といった。この〝ノミノ〟は、蚤が寝られるほど小さいという意味である。蚤が実際に寝るわけではなくて、葉が小さく、しかも茎の上のほうにある2枚の葉が向かい合ってついている葉姿が、その中に蚤が入って寝られそうで、葉に蚤が寝てもいいのではないか、蚤の布団ではないか、というのがこの植物の名前の由来である。

なお、動物などの名前を借用して、植物の大きさを表わす言葉は、〝ノミ〟がいちばん小さく、その次に〝スズメ〟、〝カラス〟で、〝鬼〟がいちばん大きい。

バイカイカリソウ → イカリソウ(P23)／バイカオウレン → オウレンの仲間(P43)

バイモ【貝母】

別名／アミガサユリ
Fritillaria thunbergii

偽鱗茎が2つに割れ、子球が出てくる。親の球根は、貝の殻に見えるので"貝母"。

分類 ユリ科バイモ属
分布 中国原産
環境 人里近くの草藪に捨てられて、野生化することがある
花期 3月

花は緑と黄色を混ぜ、くすませたような色。下向きに咲き、長さは2〜3cm

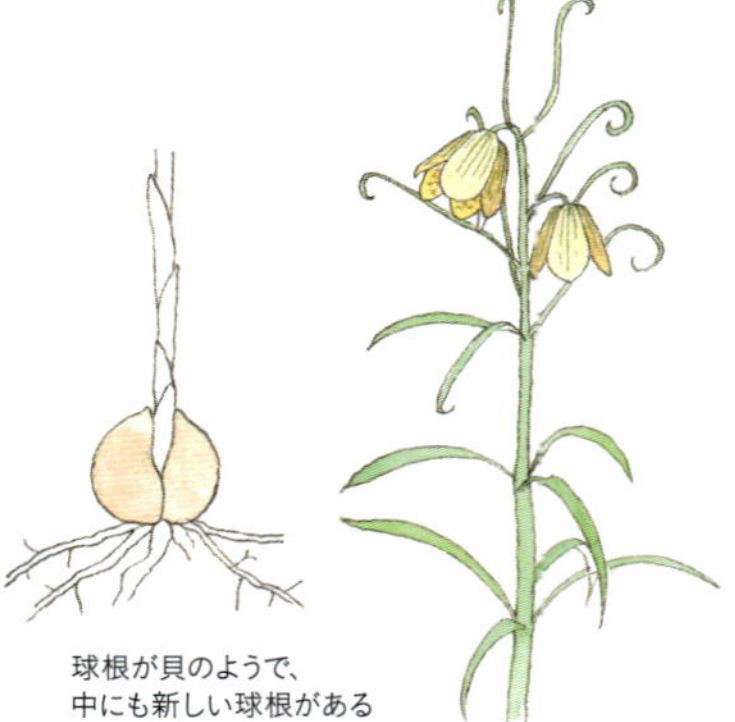
球根が貝のようで、中にも新しい球根がある

このバイモという植物は、古い時代に中国から日本へ渡来した。すでに平安前期の『新撰字鏡』という本で、〝ハハクリ〟という名前で登場している。その名前は、クリのような球根（偽鱗茎）から新しい球根が現われ、その球根の中央から茎が伸び、葉や花が展開することから、〝母の栗〟という意味で、呼ばれていたと思う。

その後、花姿が、虚無僧がかぶる深編笠に似ていて、花がユリに少し似ることから、〝アミガサユリ〟という名前がついた。江戸時代の文献では、その名前で登場している。

中国で〝貝母〟という漢字を当てていたので、それを音読みにして、現在は、〝バイモ〟と名前がつけられている。

ハコベ

【繁縷】

Stellaria neglecta

別名／ハコベラ、ミドリハコベ

はじめは古名のハコベラを中国の漢字“繁縷”に当てたが、今は“ハコベ”となった。

分類 ナデシコ科ハコベ属
分布 日本各地
環境 空き地など
花期 3～9月

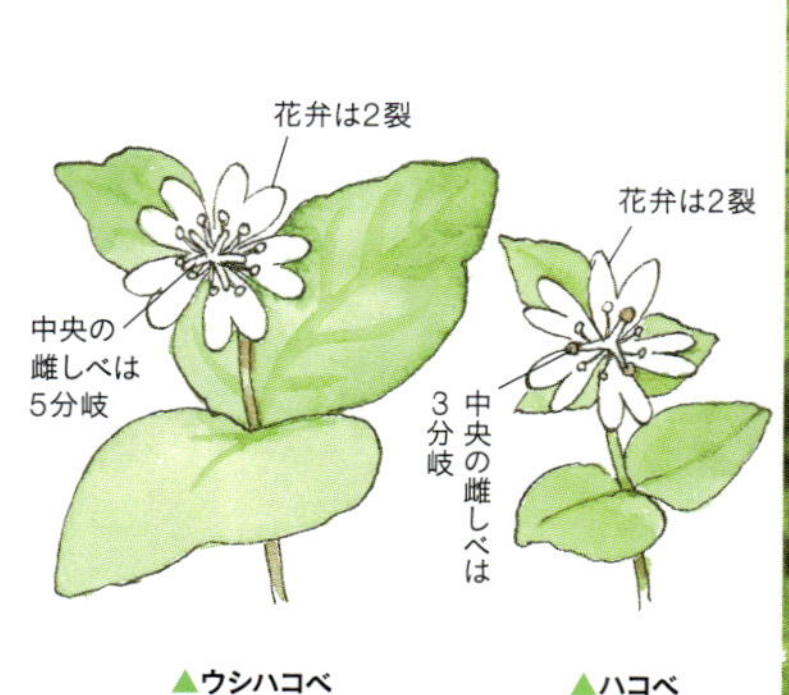

▲ウシハコベ　▲ハコベ

春の七草のひとつ。草姿は這い、茎の長さは10～40cm

ハコベの古名〝ハコベラ〟にひとつの由来説がある。ハコベの茎を折ってみると、絹糸を紡ぐときのような、薄い白い糸状の繊維が出る。このことから古名ハコベラの〝ハコ〟に〝帛(はく)〟の文字を当てている。〝帛〟とは美しい綿毛のことを意味する。〝ベラ〟は、繁っているという意味。そこで、ハコベは〝たくさん繁る美しい白い糸を出す草〟が由来となるが、この説は少し考えすぎのような気がしてならない。〝ハコベラ〟は、〝はびこる〟という意味の古い言葉の語源ではないかと思う。その後、中国の漢名の〝繁縷〟を当てて〝ハコベラ〟と読ませ、次第に〝ラ〟が取れて、繁縷を〝ハコベ〟というようになったと考えるほうが自然だと思う。ハコベの名前は多くの文献に登場しているが、名前の由来は非常に難解である。

ハシリドコロ【走野老】

別名／ロウト（莨菪）
Scopolia japonica

地下の根茎が"トコロ"のものと似る。根茎に毒成分があり、食べると狂乱して走り回る。

分類 ナス科ハシリドコロ属
分布 本州、四国、九州
環境 山地のやや湿った林の中、森陰など
花期 4～5月

紫と茶を混ぜたような色の花は、葉のつけ根で釣り鐘状に咲く

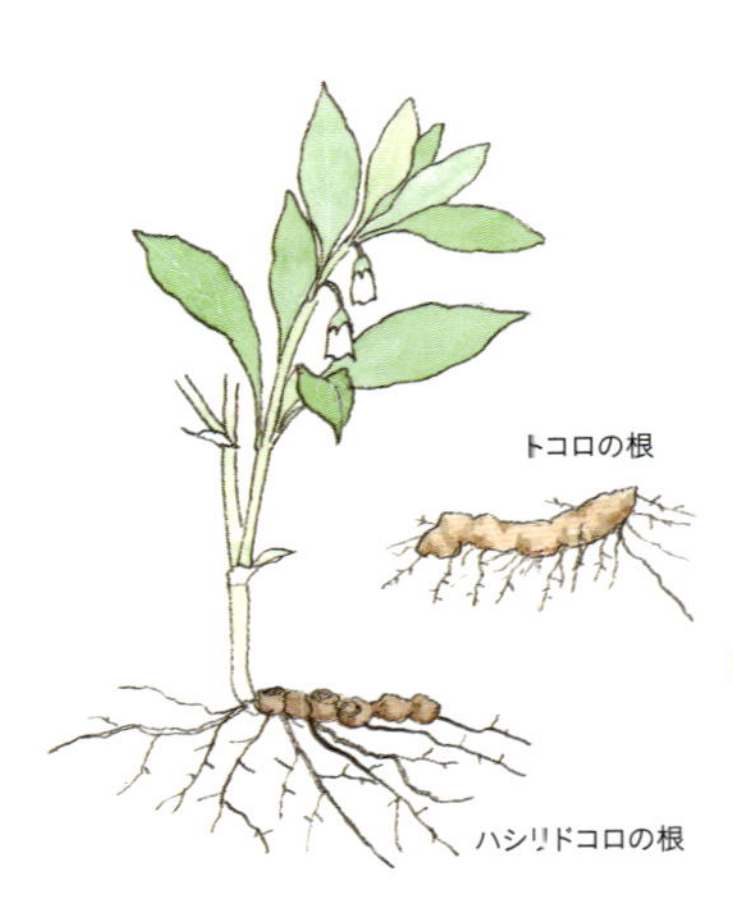

ハシリドコロには、地下に曲がった太い根がある。これがオニドコロの根によく似ていることから、〝トコロ〟の名前がついた。

このハシリドコロは毒草として知られていて、食べたりすると中毒症状が出て、狂乱状態になって走り回るという。そういうところから〝ハシリ〟がついた。

この植物は、もともと〝莨菪（ろうと）〟という古くからの名前がついている。〝莨菪〟という名前は、中国の別の植物の名前である。これがハシリドコロと同じ名前で、そのまま現代まで使われている。この莨菪というのは、別のナス科の植物であり、ハシリドコロに相当する漢名はない。

ハタザオ【旗竿】

Turritis glabra

枝分かれせず高く伸びる茎に、小さく目立たない葉がつく、"旗竿(はたざお)"のような草。

分類 アブラナ科ハタザオ属
分布 北海道〜九州
環境 山地の日当たりのいい草むら、山道沿いなど
花期 4〜6月

長さ4〜6cmの棒形の実が茎に寄り添う。高さ50〜80cm　(下)花は4弁で淡黄色

"旗竿(はたざお)"は、かつて戦争のとき、どういう人間が部隊を率いているか、敵味方の識別をどうするかということで、とても重要だった。最も知られているのは、富士川を挟んで、西側には平家方の紅旗、東側に源氏方の白旗、という源平の戦い。紅と白ということで、はっきりとどちらが源氏か、どちらが平家かわかるために、旗竿がとても重要だった。

その"旗竿"という名前がついたのがハタザオという草である。旗竿のような草姿をしているところからついた。上部には小さくかたまっていくつか花が咲く。茎についた小さな葉はあるが、全体として枝分かれしておらず、"旗竿"に見える。

ハッカクレン【八角蓮】

別名／ミヤオソウ
Dysosma pleiantha

葉に8つの角があるので"八角"。葉のつき方がハスと似るので"蓮"とつく。

分類　メギ科ハッカクレン属
分布　中国、台湾原産
環境　山地の森や林の中。日本では栽培される
花期　5月

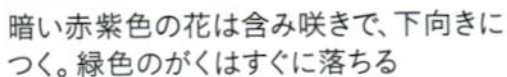
暗い赤紫色の花は含み咲きで、下向きにつく。緑色のがくはすぐに落ちる

葉は八角形ではなく、8つ前後の尖りがある

ハッカクレンの葉は、八角形ではなくて、8つの突き出た〝角〟をもった葉であるということだ。それから〝レン〟というのは、ハスの〝蓮〟である。この葉の葉柄は、葉の中心部についている。このつき方は、ハスの葉と似ているということで、〝蓮〟という字がついたと思う。蛇足であるが、サンカヨウの葉のつき方もハスの葉（荷葉）と同じである。なお、ハスの葉のつき方が、西洋の騎士が楯を持つ際に、ちょうど楯の真ん中を持っているような形に似ている。そこから、用語として楯着という言葉が使われることもある。

ハナウド【花独活】

Heracleum sphondylium var. nipponicum

小さくて白い花が集まり、傘形になる。葉は“ウド”に似るが、花は断然美しい。

分類 セリ科ハナウド属
分布 関東〜九州
環境 沢沿いの藪の中、やや湿った林や森
花期 5〜6月

傘形の花序がつく （下）1つの花には2つに切れ込んだ花びらが5枚つく

ウコギ科の〝ウド〟という植物がある。〝独活(うど)の大木〟のウドである。この花は小さく丸いかたまりとなってパラパラといった感じで咲き、よく見ると白い花びらが5枚、下へ反転するように咲く。それらが円錐形になって地味な花姿を見せる。

一方、ハナウドの花期の姿は、小さな花がたくさん集まって傘形に美しく広がる。面白いことに、外側の花びらのほうが大きく、内側の花びらが小さい。これがハナウドの特徴だ。

葉や葉姿はウドと似ているが、やはり花姿の美しさが随分違う。ハナウドの名前の由来は、ウドによく似ているが、ウドよりも花がきれいなことから、〝ハナ〟がつき、ハナウドとなった。

ハナショウブ【花菖蒲】

Iris ensata

ノハナショウブから改良された痕跡として、外側の大きな花びらに黄筋が残る。

分類 アヤメ科アヤメ属
分布 園芸品種
環境 栽培される。自生はない
花期 6～7月

品種改良が重ねられ、園芸品種も多い。大輪が好まれる。高さ50～90cm

ハナショウブは、原種のノハナショウブを改良した園芸品種なので、名前から〃ノ（野）〃をはずした。花はよく似ているが、花びらが赤紫色の原種に比べて、白だとか薄い青紫、濃色の赤紫、絞りなどいろいろと変化があり、また花びらはハナショウブのほうが幅広く、豊か。

ハナショウブとノハナショウブは花びらの大きさと花色が違うことで区別するが、それらとカキツバタなどとも、見分けるポイントがある。大きな花びらの外花被（がいかひ）に黄斑が入っているかどうかで識別できる。ノハナショウブやハナショウブには明確な黄斑が入っていて、カキツバタなどには入っていない。

ハナニラ

【花韮】

Ipheion uniflorum
別名／セイヨウアマナ

全草に"ニラ"のにおいがする。ハナニラの花は大きくて美しい。

分類 ヒガンバナ科 ハナニラ属
分布 南米原産。各地に野生化
環境 鉄道や川の土手、市街地の空き地、道端など
花期 2〜4月

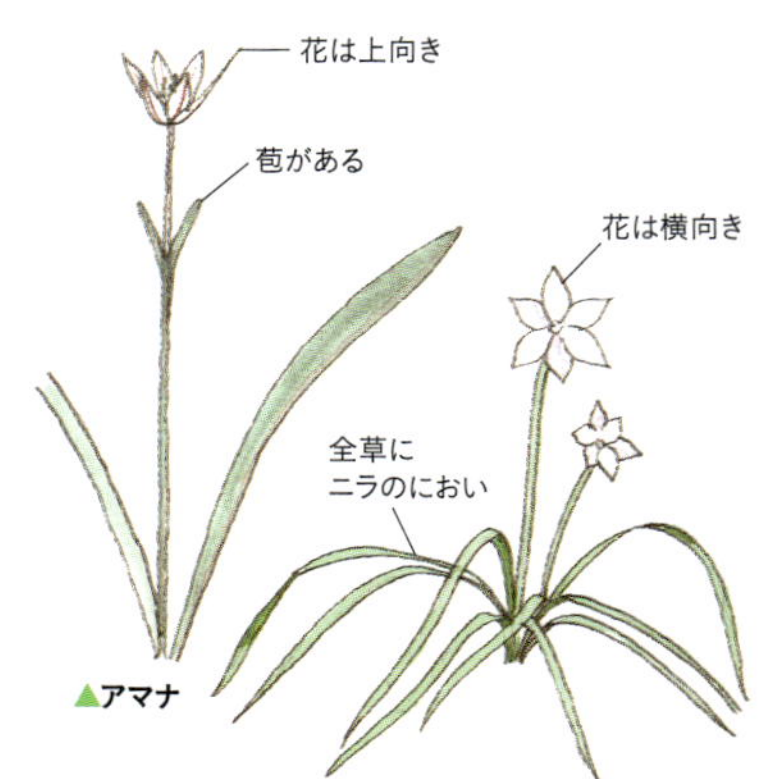

（上）白色の花。晩春に枯れ、初冬になると葉を展開する
（下）青紫色の花

〝ニラ〟という言葉は、野菜のニラとにおいがよく似ているところからついた。しかし、においは似ているが、ニラの花は白っぽくて秋に咲き、ハナニラは星形の白あるいは青紫の大きな美しい花が咲く。同じニラのにおいがするが、花が美しいということで、〝ハナ〟がつく。

ハナニラは、外国産で、近年あちこちの市街地の空き地、土手に野生化している。早春に青紫の星形の花が咲いている場合は、ハナニラであることがほとんどである。

ハハコグサ【母子草】

別名／オギョウ、ゴギョウ
Pseudognaphalium affine

名前の由来について諸説あり。株の広がりを這う子とみなし"ハハコ"。

分類　キク科ハハコグサ属
分布　日本各地
環境　市街地の道端、農村の山道沿い、土手の日当たりのいい場所
花期　4～6月

春の七草ではオギョウと呼ばれ、どこでも見られる。高さ15～40cm　(下)頭花

由来の説が多い種。葉を見ると、やさしい感じの綿毛があり、しかも黄色い花が包まれている。そういったことから母のイメージの草であることは、確かだと思う。

ハハコグサの小さい周りの株が横に広がり、〝這う児〟すなわち這ってい く児で〝ハウコ〟、それが転訛して〝ハハコグサ〟という説がある。また、毛がほおけ立つということから〝ホオコグサ〟が〝ハハコグサ〟になったともいわれている。

漢名では、葉を鼠の耳に見立て、いちばん上の黄色花を〝麹(こうじ)〟にとらえて〝ソキクソウ(鼠麹草)〟という名前が知られている。また、春の七草のオギョウ(御形)とかゴギョウ(御形)の名前でも知られている。

ハマウド
【浜独活】
Angelica japonica

葉が"ウド"に似て、白色の小さな花が傘形に集まって、浜辺に咲く。

分類 セリ科シシウド属
分布 関東～九州
環境 海辺の日当たりのいい場所
花期 4～6月

"ウド"に似て、浜辺に咲くので"ハマウド"の名前に。ウドの葉は、小葉が3対、頂部の葉が1枚の、全部で7枚編成。ハマウドは小葉が2対で頂上の葉が1枚の、5枚編成。夏から秋にかけて淡緑色の小さな球状に花をつけるのがウドで、ハマウドは白い5弁花が半球形につく。

葉には光沢があり、ウドの葉に少し似る

花が傘形に集まって咲く。高さ1～1.5m

ハマエンドウ
【浜豌豆】
Lathyrus japonicus

浜辺の砂地に自生する草。小形だが、栽培種の"エンドウ"の花、実、葉と似る。

分類 マメ科レンリソウ属
分布 日本各地
環境 海岸の砂地や岩場
花期 4～7月

浜に自生するエンドウに似た草。しかし、エンドウはさや形の葉が大きく、丸い感じ。ハマエンドウの葉は小さくて三角状である。エンドウは秋に発芽して冬を越し、春に花を咲かせて実ができると、大きくて食べられるが、ハマエンドウの実はやせていて食べる気にはなれない。

鮮やかな紅紫色の花は何個かまとまってつく

長さ5cmの毛のない実がつく。タネは数個

ハマダイコン【浜大根】

Raphanus sativus var. *hortensis* f. *raphanistroides*

浜辺に自生し、“ダイコン”の先祖に当たると推定されているが、違いがいろいろある。

分類 アブラナ科ダイコン属
分布 日本各地
環境 海岸の砂地や岩場
花期 4～6月

茎先に花を多くつける　(下)花びらは4枚

浜辺を彩る。秋に発芽して冬を越し、春に花が咲く。高さ30～70cm

ダイコンは、古くは〝おほね〟といい、於保根、於朋泥、放保禰、大根などの漢字が当てられていた。この〝おほね〟は『日本書紀』や『古事記』にも登場しているので、奈良時代かそれ以前に中国大陸から渡来した植物と思う。この〝おほね〟が海辺に野生化していったのが、〝ハマダイコン〟であるというのが、通説。

私は、以下の理由で、この通説を否定し、ハマダイコンはダイコンとは無関係の在来種と考える。①両者の葉と根に明確な形状差あり。②植栽種が野生化したなら、内陸にも自生するはずだが、そうでない。③南西諸島まで広く分布し、自生地は海岸だけ。

ハマボッス

【浜払子】

Lysimachia mauritiana

葬儀の読経を行なう導師が使う"払子(ほっす)"に、ハマボッスの花後の実が似る。

分類 サクラソウ科オカトラノオ属
分布 日本各地
環境 海岸の砂浜や岩場
花期 5〜6月

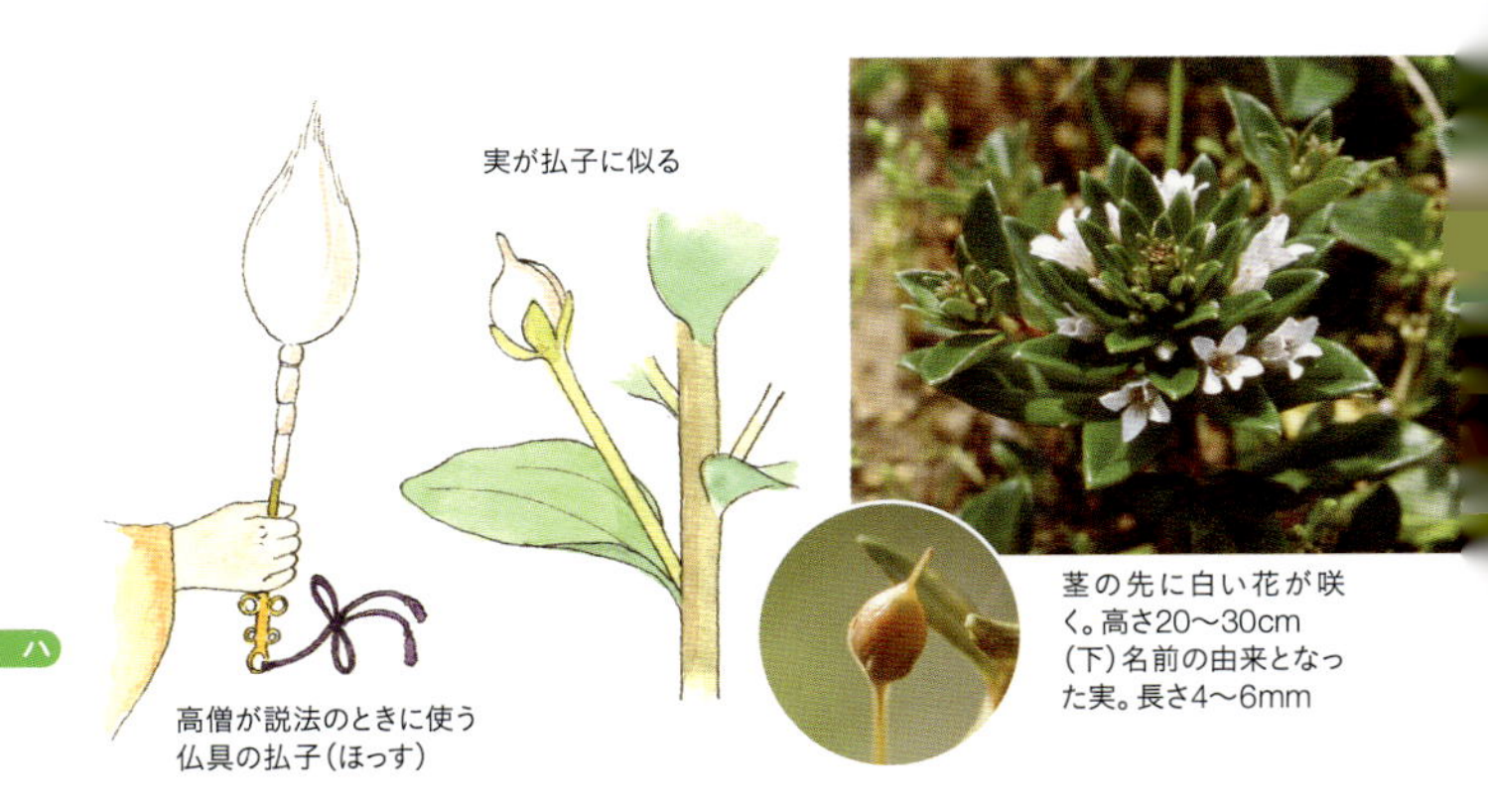

高僧が説法のときに使う仏具の払子(ほっす)

茎の先に白い花が咲く。高さ20〜30cm
(下)名前の由来となった実。長さ4〜6mm

海岸性の植物である。"ボッス"というのは"払子(ほっす)"からきている。これは、もともとはインドでハエを払う道具であった。これはヤクの毛や麻の糸を束ねて柄をつけたはたきのようなものである。日本では、禅宗の僧侶が、人の迷いあるいは欲望を払うための仏具として使っている。

この払子とハマボッスのどこが似ているかというと、一般的には、花穂と茎の上部を"払子"に見立てた、というのが定説だが、実際にはあまり似ていない。私は、花穂ではなくて、花の後にできる実(み)の形が、払子に似ていると思う。そこから、名前がついたのではないか。

ハルザキヤマガラシ【春咲山芥子】

別名／セイヨウヤマガラシ
Barbarea vulgaris

"春咲き"で、ヤマガラシに似ていることから、この名前がついた。

分類 アブラナ科ヤマガラシ属
分布 欧州原産
環境 涼しい地域の道端、水田など
花期 4〜5月

茎が枝分かれして多数の花を咲かせる。花は黄色の4弁花。高さ30〜80cm

▲ハルザキヤマガラシ　▲セイヨウカラシナ

中部地方の標高の高い山、東北地方の寒い地域の山には、ヤマガラシという在来の植物が自生している。ハルザキヤマガラシは、黄色い花が咲くところだけでなく、葉や花のつき方などがこのヤマガラシに似ている。ヤマガラシの花期は初夏から夏で、地際の葉には羽状に切れ込みがあり、上のほうにつく葉にはあまり切れ込みがない。ところが、ハルザキヤマガラシは、比較的上のほうの葉にも切れ込みがあるなど、葉の形に、多少の違いが見られるが、草全体の姿はよく似ている。そしてハルザキヤマガラシは、名前のとおり"春に咲くヤマガラシ"である。

また、本種とよく似たセイヨウカラシナとの違いは葉のつき方と形である。

ハルジオン

【春紫菀(苑)】

Erigeron philadelphicus

秋咲きの“シオン”に少し似ていて、春咲きのため、ハルジオンの名がついた。

分類 キク科ムカシヨモギ属

分布 北米原産。関東と関西を中心に日本各地に野生化

環境 道端の空き地、あるいは農村近くの道沿い、土手など

花期 4〜6月

蕾はうなだれない

蕾はうなだれる

葉は茎を抱く

葉は茎を抱かない

▲シオン

▲ハルジオン

花は白や淡い紅色が多く、舌状花は非常に細かい。高さ40〜100cm

シオンという植物がある。これは中国地方や九州など、西日本に多く自生している。草姿が高く、かなり目立つ植物である。庭に植えられることが多く、赤紫色の花がたくさん咲くのでシオン(紫菀)とついた。ハルジオンはこのシオンに似ている。そして、シオンが秋咲きなのに対して、ハルジオンは春に咲くことから、この名前がついている。

ハルジオンは北米原産の植物である。日本へは、大正時代の半ば頃に移入した。この植物は蕾のときに、枝ごとうなだれるように垂れ下がることが大きな特徴。また、花が咲く頃になると、ピッと上を向き、茎につく葉が茎を抱き込むような形になる、などの特徴もある。

ハルトラノオ

【春虎の尾】

別名／イロハソウ

Bistorta tenuicaulis

早春に白い小さな花が穂状に群がる。その穂を“虎の尾”に見立てた。

分類 タデ科 イブキトラノオ属

分布 福島～九州

環境 山地の木陰、森のそばに自生

花期 3～5月

花穂に白い花が多数つく。茎の途中に葉を1～2枚つける。高さ10cmほど

花穂が〝虎の尾〟に似ている。ちょっと短めではあるが、形はよく似ている。そして〝春〟に咲くから、〝ハルトラノオ〟に。これが名前の由来である。

また、〝イロハソウ〟という別名がある。これはイロハ47文字の最初の草、という意味で、早く咲くことを示す。

ハルトラノオは、早春にメインの花が咲くが、1月、2月にちょこっと咲く。私はこれを偵察隊咲きといっているが、偵察隊が咲いてみて、気候がこれでいいかどうか調べるわけだ。そして、気候条件がそろっていれば、葉が展開し、花もさらに大きく咲く。この偵察隊咲きを、イロハの最初と、結びつけることもできる。

ハ

ハルユキノシタ

【春雪の舌、春雪の下】

Saxifraga nipponica

花弁5枚のうち、下側2枚は長い舌状で白色。この長い花弁が“雪の舌”。“春”咲きである。

分類 ユキノシタ科ユキノシタ属
分布 関東～近畿
環境 山地の沢沿いの岩場、日陰
花期 3～4月

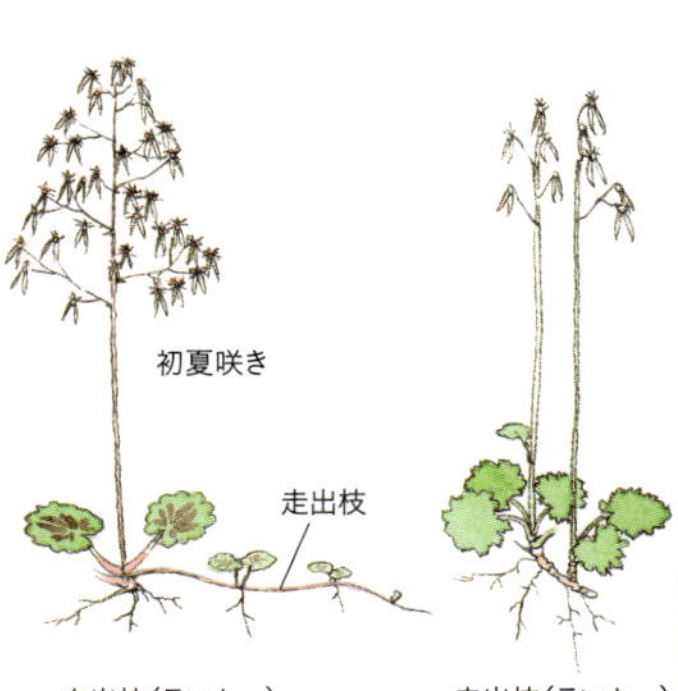

走出枝(ランナー)を出す

▲ユキノシタ

走出枝(ランナー)を出さない

▲ハルユキノシタ

葉、茎に毛が生える。高さ20～40cm
(下)花は白くて小さい

初夏に咲くユキノシタの由来について、一般には、白い花の下に葉があるので、白い花を雪にたとえて〝雪の下〟、といわれているが、どうも私は納得がいかない。

私は、ユキノシタもハルユキノシタも舌(下側の花弁)があり、これが雪のように白いので〝ユキノシタ〟とついたと思う。そして春に咲くので〝ハル〟とつく。

両者には、葉に違いがある。ユキノシタは、花後につるを伸ばして、葉が展開し、その下に根を出す。ところがハルユキノシタにはつるがない。さらに、ユキノシタは、葉に白黄斑があるが、ハルユキノシタは、斑はなく葉は緑一色である。

ハルリンドウ → コケリンドウ(P105)

ハンショウヅル
【半鐘蔓】
Clematis japonica

火災を知らせる"半鐘（はんしょう）"に花の形が似ていて、"つる"性の草であることから。

分類 キンポウゲ科 センニンソウ属
分布 本州、九州
環境 山地や丘の林の中
花期 5〜6月

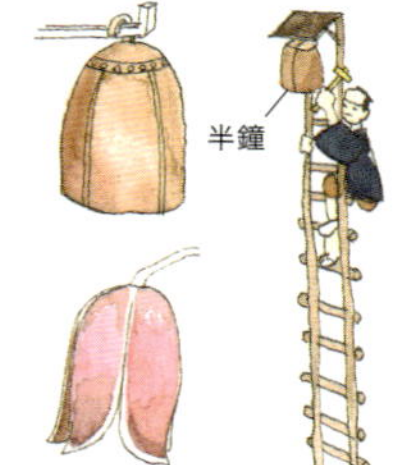

ハンショウヅルの花

紅紫色の花が下向きに咲く

〝半鐘（はんしょう）〟は、陣中あるいは寺院で合図用に叩いた小さな鐘のこと。その半鐘によく似た花を咲かせるので〝ハンショウ〟がつく。この花は、4枚のがくが花弁状になっている。ちょうど4枚が集まって、半鐘の形を形成しているように見える。つる性なので〝ツル〟がつく。

ヒイラギソウ
【柊草】
Ajuga incisa

"ヒイラギ"の葉姿に似て、この草の葉にも激しい切れ込みがある。

分類 シソ科キランソウ属
分布 関東、中部地方
環境 山地の林や森の中
花期 4〜6月

葉は切れ込みが深いが、刺はない

青紫色の花が3〜5段になって咲く

モクセイ科のヒイラギという樹木がある。葉のふちが鋭く尖り、肌に触ると、とても痛い。葉が、そのヒイラギの葉姿に少し似ているので、この名前がついている。しかし、葉の切れ込みが激しいだけで、ヒイラギと違って、ヒイラギソウの葉のふちには、刺状の突起はない。

ヒオウギアヤメ → アヤメ（P21）

【蛙の傘】ヒキノカサ

Ranunculus ternatus

蛙がいそうな場所に自生する。5弁状の黄色い花は、"ヒキ(蛙)"の傘になるかも。

分類 キンポウゲ科 キンポウゲ属

分布 関東～九州

環境 湿地帯の日当たりのいい場所、田んぼの隅の草むら

花期 3～4月

花を蛙の傘に見立てた

湿ったところで見かけるが、少なくなった。高さ10～30cm
(下)八重咲きの花

ヒキノカサが群生するのは、田んぼのあぜ道、湿地の草むら、日当たりのいい湿ったところなど。そういう場所には、たいてい蛙(ヒキともいう)がいた。そして、長い花柄の先に花をつける草姿を、〝カエルの傘〟にたとえて、ヒキノカサの名前がついた。この草は、黄色い光沢のある花が咲く。花びらは5枚。なお、このヒキノカサは、一重が標準であるが八重咲きもある。この八重咲きは、大正年間に、埼玉県の南部の荒川の岸辺の浮間ヶ原で見つかった花で、ダイザキヒキノカサと名づけられた。〝台咲き〟の名前どおり、ヒキノカサのなかでも、ひときわ豪華な感じの花が咲く。

ヒトリシズカ

【一人静】

別名／マユハケソウ、ヨシノシズカ

Chloranthus quadrifolius

花は静御前のイメージに合わない。しかも、必ず群生。そのわけは、静と義経(よしつね)主従の亡霊がこの花になったから。

白い花のように見えるのは雄しべで、花弁はない。写真は珍しい青軸種

亡霊で現われた静御前と義経主従

この草の名前の由来には2つの疑問点がある。まずヒトリシズカという名前から、単独で咲くと思いがちだが、自生地を見ると、多くが株立ち。1本立ちというのはまずない。それなのに、なぜ、〝ヒトリ〟とつけたのか、よくわからない。それから、〝シズカ〟というのは、静御前をイメージしている。九郎判官義経(よしつね)の愛妾であった静御前の本職は、白拍子(しらびょうし)。男装の麗人という静御前だから、さぞ美人であったに違いない。それなのにヒトリシズカの花は、決して美しい花とはいえない。この2つの疑問に対して、私は、ある考えが閃いた。そのヒントになったのは、〝二

分類 センリョウ科 チャラン属
分布 北海道〜九州
環境 林の中、森のふちなど
花期 4月
仲間 キビヒトリシズカ(吉備一人静)はヒトリシズカに似る。岡山・香川(吉備)と九州北部に自生。フタリシズカ(二人静)はP219参照。

類似種との見分け方

▼ヒトリシズカ

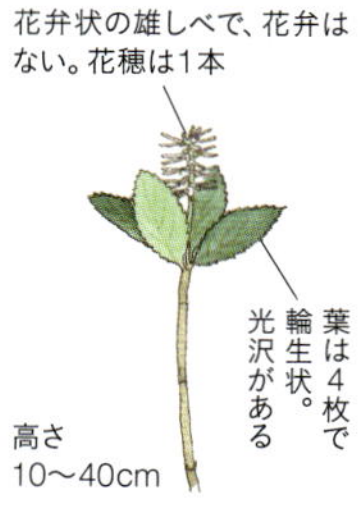

▼キビヒトリシズカ

花穂は1本
3本の雄しべが長く糸状につく。花弁はない
葉はヒトリシズカのものと似ているが、光沢がない
高さ 30〜50cm

▼フタリシズカ

花穂は1〜6本。丸い花弁状の雄しべがあり、花弁はなし
大きな葉が2枚ずつ十字状につく
高さ 30〜60cm

人静〟という能である。

これは、静の亡霊と亡霊にとりつかれた吉野神社の菜摘(なつみ)女(おんな)の2人が、踊りを踊るという筋である。この能のように、静が亡霊であったというふうに考えると、ヒトリシズカが美しくない花であってもいいわけである。そして衣川で藤原泰衡(やすひら)に攻め滅ぼされた義経主従が、天国で静と再会し、亡霊となってこの世に現われる。静と義経主従の亡霊は、ヒトリシズカの花となった。大勢の亡霊だから群生するのである。

ヒナソウ【雛草】

別名／トキワナズナ
Houstonia caerulea

小さくてかわいい。それで“ヒナ(雛)”。“姫”でもよかったが、それでは平凡。

分類 アカネ科ヒナソウ属
分布 北米原産
環境 庭あるいは鉢植えで栽培
花期 3～4月

日当たりのいい場所を好む。高さは約10cm

4弁花に見えるが、基部は1つ

〝ヒナ〟というのは、雛鳥の〝ヒナ〟から連想される、小さい、かわいいなどの意味合いで、草姿がそのような印象なので、この言葉がつけられたのだと思う。別名〝トキワナズナ〟。常緑なので、〝トキワ〟といい、さらに、花が4弁に見え、ナズナに似るので(実際は1つの花)、〝ナズナ〟とついた。

ヒメウズ【姫烏頭】

Semiaquilegia adoxoides

“ウズ”はトリカブトのこと。小さな袋果(たいか)が、その実にそっくり。

分類 キンポウゲ科ヒメウズ属
分布 関東～九州
環境 山道沿いの日当たりのいい場所、丘の草むらなどに自生
花期 3～5月

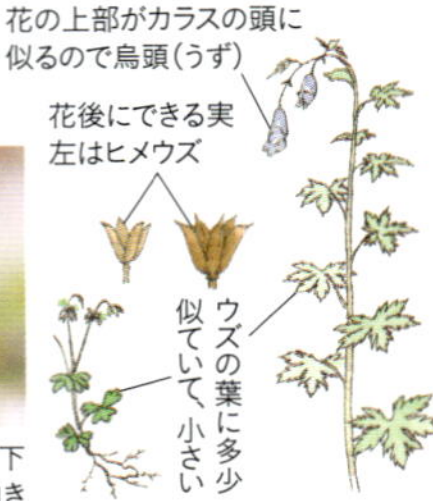

淡い紫色の花は下向き、または横向きにつく

〝ウズ〟は、トリカブトのこと。トリカブトは、花のいちばん上の帽子状の部分が〝カラス〟の頭に似ていることから、漢名で〝烏頭(うず)〟と書いた。ヒメウズとトリカブトの花は似ていないが、実はよく似ている。そこから小さなトリカブト＝ヒメウズという名前がついたと思う。

ヒメオドリコソウ

【姫踊り子草】

Lamium purpureum

“オドリコソウ”より小形。草姿は東北地方の鹿踊りの格好によく似る。

分類　シソ科オドリコソウ属
分布　欧州原産。日本各地に野生化
環境　空き地、道端、日当たりのいい土手
花期　3～5月

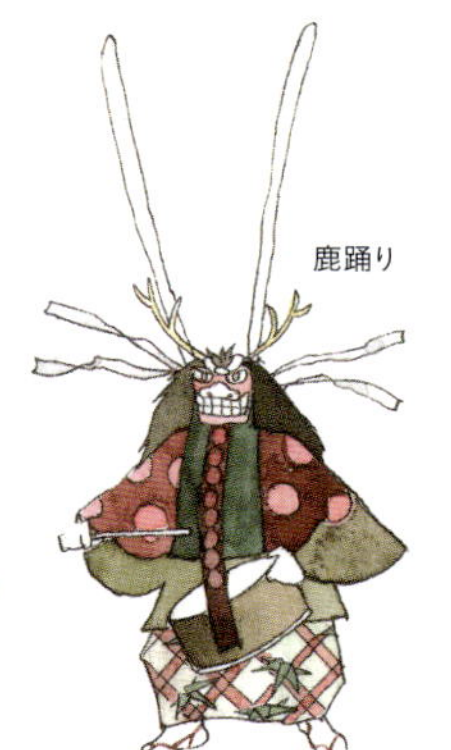

ヒメオドリコソウの花穂が鹿踊りの姿に似る

脈がはっきりした赤紫色の葉で、花は小さなピンク色。高さ10～20cm

同じシソ科にオドリコソウという草がある。これは姿の大きな、高さ30～60㎝くらいの草である。これによく似ているが、少し小さいということから〝ヒメ〟がついた、と一般的にいわれている。しかし、私は異説を唱えたい。この植物を花期に見ると、株の上のほうに、小さなピンク色の花に混ざって、赤紫色の葉が密集してつく。この草姿は、東北地方の伝統芸能である〝鹿踊り〟の装束をつけた踊り子の姿に、感じがとてもよく似ている。そして、この植物が群生し、風に揺れると、鹿踊りのような躍動感すら感じられる。命名者に鹿踊りの記憶があったから〝オドリコソウ〟の名前をつけたのではないかと思う。

ヒメトケンラン【姫杜鵑蘭】

Tainia laxiflora

葉に鳥のホトトギス（“トケン”）の尾羽の模様に似た斑紋がある。小さいので“ヒメ”。

分類 ラン科ヒメトケンラン属
分布 四国、伊豆諸島、南西諸島
環境 林や森の中
花期 3〜5月

斑点のある葉　（下）高さ10〜30cmの花茎に茶色の花がつく

杜鵑（トケン）とはホトトギスのこと

尾羽

葉にホトトギスの尾羽のような模様がある

漢名の“杜鵑”は鳥のホトトギスのことである。ホトトギスの胸毛の模様が、トケンランの花や葉の斑紋と似ているので“トケン”の名前がついたといわれている。また、葉の斑紋を鶉（うずら）の羽に見立てて“ウズラバトケンラン”の別名がある。

ところで、ヒメトケンランの葉には、右記の斑紋がない。葉の斑紋はホトトギスの胸毛ではなく、尾羽の白い模様によく似ている。トケンランの由来との違いは、この胸毛と尾羽の違いにある。

ヒメトケンランはトケンランに比べて、草姿が小さい。花茎が高さ10〜30㎝、葉は10㎝くらい。ヒメトケンランの葉が、ホトトギスの尾羽の白い模様と似ていて、そして小さいので、“ヒメ”がついたわけである。

ヒレアザミ

【鰭薊】

Carduus crispus

花や草姿は"アザミ"に似て、茎に魚の"ヒレ"がついたような格好から名前がついた。

分類 キク科ヒレアザミ属

分布 欧州、東アジア原産。古い時代に渡来したと推定される

環境 深山になく、あぜ道や空き地に自生

花期 5～7月

アザミ属のノアザミなどに似た草姿であるが、その仲間ではない。ノアザミなどの茎にはこの〝ヒレ〟がなく、花を分解するとタネになる部分が現われるが、そのすぐ上に枝分かれする多数の毛がついている。ところが、ヒレアザミの毛は枝分かれをしていない。

ヒレアザミの茎

アザミに似た花をつける

ヒ

ピレオギク

【ぴれお菊】

Chrysanthemum weyrichii

別名／イワギク

名前の由来が謎だったが、北樺太（からふと）(現サハリン)の地名にちなむ。

分類 キク科キク属

分布 北海道の日本海側

環境 海岸の岩場

花期 5～6月

昭和5年刊行の『高山植物』のなかで、工藤祐舜氏が執筆の「樺太（からふと）産の珍しい高山植物」という文中に「樺太特産、葉は細かく、羽状に裂け、花は淡紅紫色をしている」と〝ピレオギク〟のことを紹介している。樺太のピレオという地に自生した菊なので、この名前になったと思う。

大正13年4月1日発行の『北樺太植物調査書』に名前が出ている。

樺太（サハリン）

樺太産のものは花がピンク色である

ヒロハノアマナ → アマナ(P19)／フウリンオダマキ → オダマキの仲間(P55)

フキ【蕗】

Petasites japonicus

古名“山生吹”から。“山”は自生地を、“生吹”は元気よく伸びることを表現。

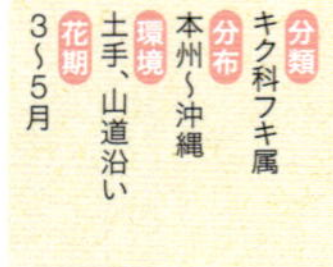

分類 キク科フキ属
分布 本州〜沖縄
環境 土手、山道沿い
花期 3〜5月

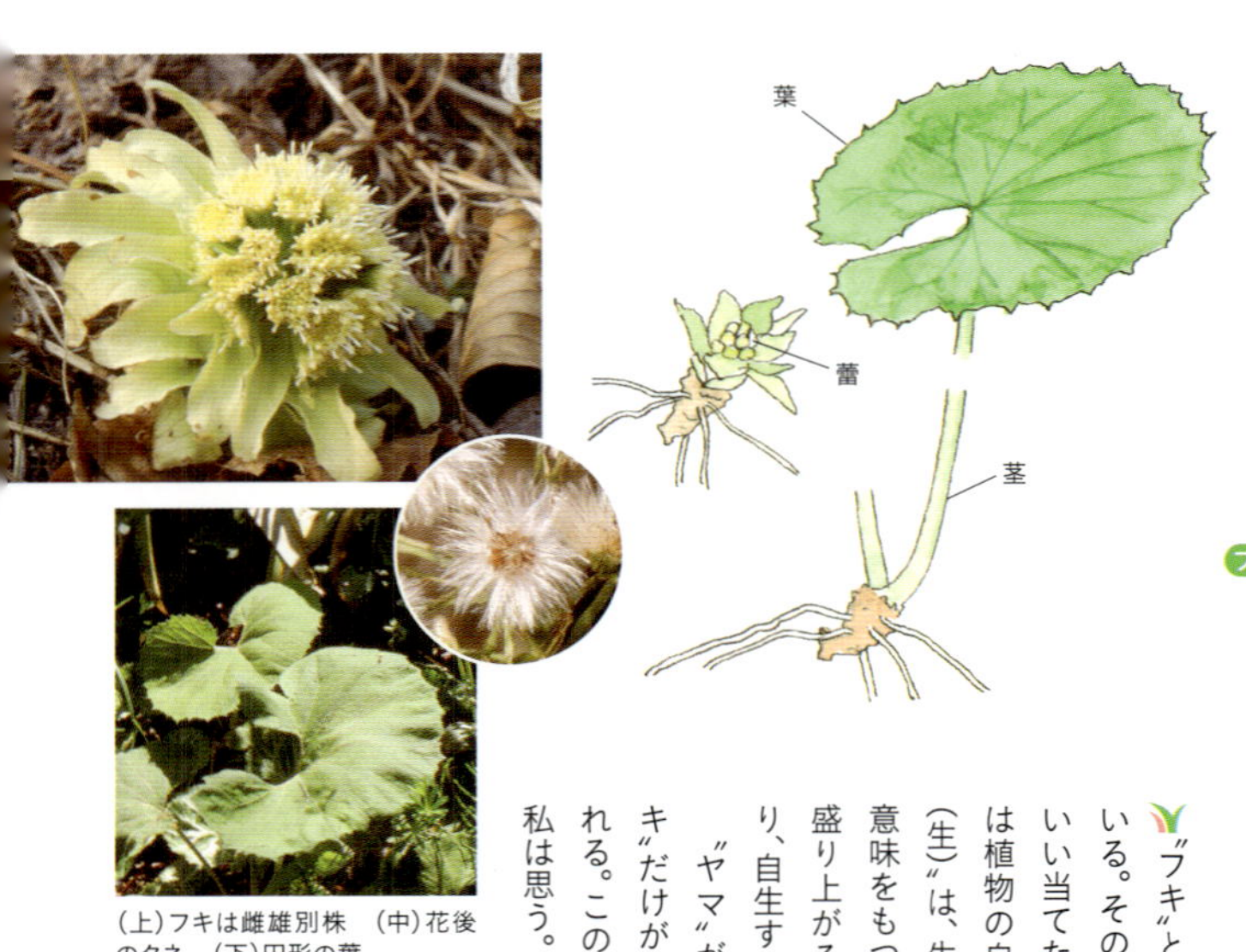

（上）フキは雌雄別株　（中）花後のタネ　（下）円形の葉

〝フキ〟という言葉は昔から使われている。その古名の〝山生吹〟は、フキをいい当てた適切な言葉だと思う。〝山〟は植物の自生地を表わし、最初の〝フ（生）〟は、生きるとか生まれるという意味をもつ。〝フキ（吹）〟は、吹き出す、盛り上がるなどという意味合いがあり、自生する蕗の様子を語っている。

〝ヤマ〟が取れて、〝フ〟が取れて〝フキ〟だけが名前として残ったと考えられる。この〝山生吹〟がフキの語源だと私は思う。

フクジュソウ【福寿草】

別名／元日草

Adonis ramosa

旧暦の元日に咲く黄金色の花なので"福告ぐ草"から、"福寿草"に。

分類　キンポウゲ科フクジュソウ属
分布　北海道～九州。北方に分布密度が高い
環境　雑木林
花期　2～3月

雑木林に群生することが多い。日が陰ると花は閉じる　（下）花びらは黄色く、菊の花に似る。花後はニンジンの葉のようになる

早春に黄金色の花を咲かせることから、一番に春を告げる草という意味の〝福告ぐ草〟という言葉が、江戸時代に使われていた。その後、〝告ぐ〟という言葉よりもさらにめでたい〝寿〟に差し替えられた。このほうが音の流れがいいし、めでたさも一段と増すわけである。なお、〝元日草〟とか〝一日草〟という名前でも呼ばれていたが、この〝寿〟は長寿の意味もあり定着した。

フタバアオイ

【二葉葵、双葉葵】

別名／カモアオイ

Asarum caulescens

京都の賀茂神社の神紋として知られた草。葵祭や三葉葵の"アオイ"は、フタバアオイを指す。

分類 ウマノスズクサ科カンアオイ属
分布 東北南部〜九州
環境 山地の林の中
花期 3〜4月

ハート形の葉は4〜8cm　(下)花は下向きのお椀形で、直径約1.5cm

三葉葵の家紋

フタバアオイの葉

"葵鬘（あおいかずら）"という言葉がある。京都・賀茂神社の葵祭の際に参列者の冠（かんむり）や牛車（ぎっしゃ）の御簾（みす）にフタバアオイの葉を飾ることである。フタバアオイは葵祭のシンボルとして知られている。

この"アオイ"とは、アオイ科ではなくウマノスズクサ科のフタバアオイを指す。徳川家の紋章である三葉葵は、フタバアオイの葉を3枚、巴（ともえ）形に図案化したもの。徳川家は、もともと三河出身で、賀茂神社の氏子であった。松平の氏を名乗り、本田氏、島田氏とともに三葉葵の家紋を使っていたが、関ヶ原の戦いで勝利し、徳川家康が征夷大将軍に任じられると、本田・島田氏に三葉葵紋の使用を禁止。徳川家が独占する家紋になった。

フタバムグラ → ヤエムグラ(P239)

フタリシズカ

【二人静】

Chloranthus serratus

能の『二人静』に由来する。花穂の数が定まらないのは、静の亡霊が花になったから。

分類 センリョウ科チャラン属

分布 北海道～九州

環境 低い山地の雑木林など

花期 5～6月

能の二人静の亡霊

花穂の長さは2～6cmで、2つとは限らない。高さ30～50cm

この名前は、能の『二人静』に由来している。『二人静』とは静御前の亡霊がとりついた菜摘女と静の亡霊がまったく同じ姿で踊るという内容のもの。豊臣秀吉が、時の金春大夫に『二人静』の舞を所望したことでも知られている。それが、たぶん名前をつける際に、本草学者の記憶にあったのだと思う。静は白拍子という男装の踊り子だったので、美しい女性に違いない。しかし、この花は美しさとはほど遠い地味な花である。静の亡霊がこの花になって現われたとすると、花は美しくなくていい。そして、花穂は2本、3本、5本、あるいは1本しか出ないこともある。この曖昧さも、亡霊がとりついた花であれば、十分納得できる。

フデリンドウ → コケリンドウ（P105）

ヘビイチゴ【蛇苺】

Potentilla hebiichigo

“ヘビ”が出そうな藪に生える、またはヘビが食べそうということから。実は“イチゴ”に似る。

分類 バラ科キジムシロ属
分布 日本各地
環境 田んぼのあぜ道、農村の山道、丘の空き地などに自生
花期 4～6月

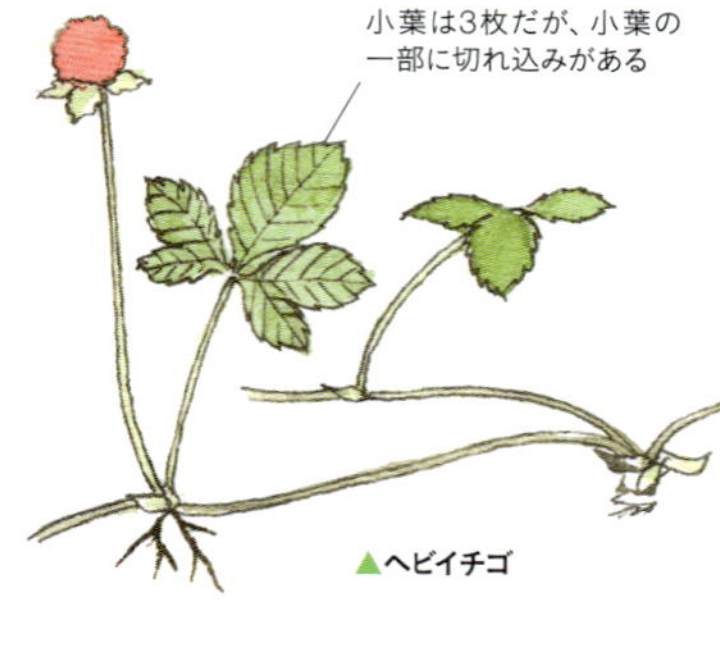

▲ヘビイチゴ

黄色い5弁花は直径1.5～2cm。茎は地面を這う　(下)ヘビイチゴの実と葉。赤い実は約1cmで、光沢はない

これは、低い山や丘、野原などどこにでも見られる。ヘビが出そうな環境にイチゴがあるので、この名前がついたか、あるいは、食べてもおいしくなく、ヘビなら食べるのではないかという理由で、ヘビイチゴという。実際は、ヘビは食べない。これによく似た草で、ヤブヘビイチゴがある。こちらは、〝ヤブ〟がつくことでわかるが、森や林の中、あるいは森陰などの日陰でよく見かける草だ。

ヤブヘビイチゴ【藪蛇苺】

Potentilla indica

本州、四国、九州の森や林のふちなどに自生。花期は4～6月。

日陰の〝藪(やぶ)〟に生えることから名前がついた。

花の直径は2cmで、ヘビイチゴより大きい

ヤブヘビイチゴの実には光沢がある

オヘビイチゴ【雄蛇苺】

Potentilla anemonifolia

本州、四国、九州の野や丘の湿った場所に自生。花期は5～6月。

〝ヘビイチゴ〟の実の赤色に対して、実が茶色なので〝雄〟がつく。

茎はつる状に伸びる

茶色の実

葉は5枚に切れ込む

シロバナノヘビイチゴ【白花の蛇苺】

Fragaria nipponica

東北～中部地方、屋久島の山地や深山の林に自生。花期は6～7月。

〝ヘビイチゴ〟に草姿が似て、花が白色であるので、この名前に。

白色の5弁花を咲かせる。葉脈にへこみがある

花後に成熟した果実は甘くて食べられる

ヘラオオバコ → オオバコ（P49）

ホウチャクソウ【宝鐸草】

Disporum sessile

寺院や仏塔の軒に吊ってある"宝鐸"に花が似る。

分類 イヌサフラン科チゴユリ属
分布 北海道〜九州
環境 森や林の中
花期 4〜5月

枝の先に3〜5個の花が垂れ下がる。花の長さは2.5〜3cm

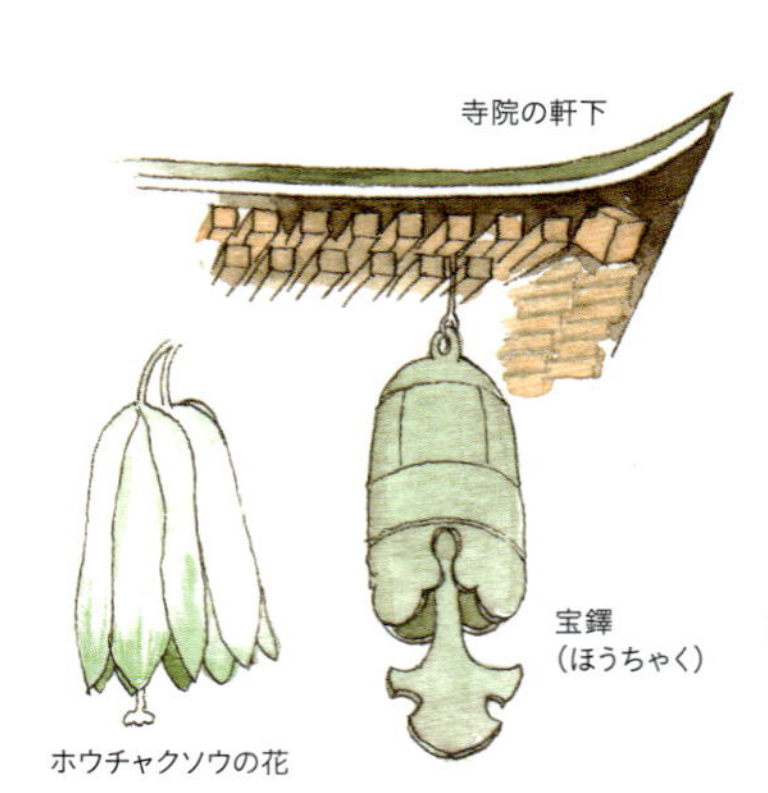

お寺、お堂、あるいは仏塔の四隅には鐘のような形をした装飾品がある。これを〝宝鐸(ホウタク、ホウチャク)〟、あるいは〝風鐸〟という。この宝鐸や風鐸に似た形の花が咲くので、ホウチャクソウという名前がついた。

この花は、花びらが内側と外側にそれぞれ3枚ずつ、計6枚ある。いずれも長めの花びらで、垂れ下がるように咲く。その花の様子が〝宝鐸〟によく似ている。

宝鐸は、もともとは銅でできた中国の古い楽器。形は鈴に似ている。中に、舌のようなものがあり、それを振ると、周囲の金属にぶつかり音が出る。この舌は金あるいは木製で、金でつくられたものが金鐸、木でつくられたものが木鐸である。

ホソバノアマナ → アマナ(P19)

ホタルカズラ

【蛍葛】

Lithospermum zollingeri

花の背後にある赤いぼかしから"ホタル"。つる状の茎から"カズラ"。

分類 ムラサキ科ムラサキ属
分布 日本各地
環境 山地の日当たりのいい土手、丘や野原の山道沿いや斜面
花期 4～5月

青紫の小さな花には、大の字形の白い筋が入っている。葉の両面に毛がある

ホ

ホタルはゲンジボタルやヘイケボタルが有名だが、いずれも、尾の部分に発光器をもっており、夏の夜に光を点滅させる。この〝ホタル〟という言葉は、火を垂れると書いて〝火垂(ほたる)〟と読む。東北地方にそういう言葉があるそうだ。体の下、つまり尾の部分に光があり、火が垂れる、ということから、火のことを〝ホ〟と読み、〝ホタル〟の言葉が生まれたと思う。

ホタルカズラの花の背後には、赤いぼかしが入っている。これをホタルの光に見立てて、〝ホタル〟とつけた。〝葛(カズラ)〟という言葉は、つる草を意味する。ホタルカズラの茎は、つる状にどんどん横へ広がる。それで〝カズラ〟をつけ、ホタルカズラになったわけである。

ホテイアツモリソウ → アツモリソウ(P15)

ホトケノザ【仏の座】

別名／サンガイグサ
Lamium amplexicaule

茎の周りを円形状に巻く葉姿が、仏像を安置する"仏座"に似ることから。

分類 シソ科オドリコソウ属
分布 本州〜沖縄
環境 市街地の道端、空き地、農村の道端、畑のあぜ道
花期 3〜6月

紅紫色の花は上下に分かれた唇形。葉は茎を取り囲む。高さ10〜30cm

仏様を安置する場所、あるいは安置する台を仏座という。これには獅子座、須弥座、岩座、唐座などいろいろな形式がある。なかでも、蓮の葉で形どった荷葉座、蓮の花で形どった蓮華座（蓮座ともいう）は、よく見られる形式で、蓮華座が最も多いように思う。

ホトケノザは、仏座のような形をした葉の上に、胴長で唇形の紅紫花を咲かせる。葉を仏座で、花を仏様に見立てたことから、この名前がついた。さて、春の七草にもホトケノザという草があるが、これはキク科のコオニタビラコのことである。本種のホトケノザはシソ科で、食べられない。

マイヅルソウ

【舞鶴草】

Maianthemum dilatatum

白く小さい花が幾輪か咲き乱れ、"鶴が舞う"姿を遠くから見たように見える。

分類 クサスギカズラ科マイヅルソウ属
分布 北海道～九州
環境 標高の高い針葉樹林の下
花期 4～5月

白い花びらは反り返り、雄しべが出ている。高さ10～20cm　（下）実は赤い

鶴が舞う草、"舞鶴草"と書く。鶴が舞っているように見える草という意味であろう。この名前の由来は、牧野富太郎氏の説では、独特な葉脈の曲り方が、鶴の羽に見えるということである。鶴の羽に似ているようにも感じられる。しかし、鶴が舞うことにはつながらない。私には、白い小さな花が咲き始めるときに、4枚の花びらが後ろへ反転する、その姿が大空にタンチョウが舞っている姿に見える。それをマイヅルソウの名前の由来と考えたい。また、鶴のダンスを遠望していても、マイヅルソウの花穂（かすい）のように見えるのではないかと思う。この名前をつけた人は、何組かの鶴たちの群舞を想像し、羽の動きを名前につけたのだろう。

マツバウンラン【松葉海蘭】

Nuttallanthus canadensis

海辺に咲く“ウンラン”に似て、葉は細く“松葉”状であることから。

分類 オオバコ科 マツバウンラン属

分布 北米原産。関東～九州で野生化

環境 市街地の道端、鉄道の廃線になった場所、空き地

花期 4～6月

花は淡青紫色。大きさは約1cm。中央の白い部分が盛り上がっている

葉は幅が細く、松葉状である

ウンランの花。大きさは1.5～2cmほど

海辺に生える〝ウンラン（海蘭）〟という草がある。淡黄色の花は唇形をしていて、上唇と下唇があり、下唇がよく発達している。下唇は、2つの山が中央部分で盛り上がるような形をしており、黄色とオレンジ色を混ぜたような濃い色になっている。花の背後には、距（きょ）と呼ばれる尻尾のようなものが出ている。距の中には蜜が分泌され、これが昆虫を誘う餌になっている。

マツバウンランは、このウンランに花姿がよく似ている。花の中央部分が盛り上がっていることと、尻尾状の非常に細い距が出ていること。この共通点で〝ウンラン〟の言葉がついた。

そして、マツバウンランは細い線形の葉が束になってつく。松の葉に似る葉である。それで、〝マツバ〟という言葉がついた。

マムシグサ
【蝮草】
Arisaema japonicum

花(仏炎苞)の形が、"マムシ"が舌を出した姿に似ることなどから名づけられた。

分類 サトイモ科テンナンショウ属
分布 四国、九州
環境 林や森の中
花期 4～5月

マムシをイメージする模様

大きさが不ぞろいの小葉からなる葉が2枚つく　(下)実は赤い

"マムシ"は、日本各地に分布している有毒の蛇。灰色の身に銭形の黒い斑紋が入っている。頭が三角形、あるいはスプーン形で、首がやや細く、尻尾は急に短く細くなっている。マムシグサがこのマムシに似ているかどうかが問題だが、まず花はどうであろうか。これは仏炎苞の先が横にすっと伸びていて、蛇が舌を出しているようなイメージがある。また、茎(葉のさやが茎状になっている偽茎)に模様があり、それがマムシの模様と似ている。ということからマムシグサの名前がついた。しかし、実際によく見るとマムシの模様とは、あまり似ていない。

マメグンバイナズナ → ナズナ(P177)

ミズバショウ

【水芭蕉】

Lysichiton camtschatcense

花後に展開する大きな葉は、"バショウ"の葉に似る。水辺に生えるので"ミズ"とつく。

分類 サトイモ科 ミズバショウ属

分布 北海道、本州

環境 北方・標高の高い地域・雪の多い地域の湿原、水の湧き出るところ、沼など

花期 5〜7月

春先に、いち早く白い花を咲かせる。白い仏炎苞の中に棍棒状の花穂がある

▲ミズバショウの葉　▲バショウの葉

バショウは、バショウ科の多年草。中国原産で、暖地で栽培されている。まるで木のような大形の草である。葉は2ｍぐらいの大きな楕円形で、柄(え)があり支脈に沿って裂けやすい性質をもっている。

〝バショウ〟は〝芭蕉〟と書く。この植物は、松尾芭蕉が閑居した庵の前庭に門人から贈られて植えられていたことから、その名前がつけられたという説がある。

ところで、ミズバショウは、花後に大きな葉が出てくる。この緑色の大きな葉がバショウの葉に似ていることから、〝バショウ〟とついた。さらに、水辺に自生するので、〝ミズ〟がつき、ミズバショウの名前になった。葉だけを見たときには、ミズバショウと気づかないことが多い。

ミスミソウ
【三角草】

Hepatica nobilis var. *japonica*
別名／ユキワリソウ

3つに裂けた葉の角が、いずれも尖るので“三角草”。角が丸いのはスハマソウという品種。

分類 キンポウゲ科スハマソウ属
分布 東北～九州
環境 山や野原、丘、落葉樹林の急な斜面など
花期 2～4月

本州の日本海側の山地に多い。花茎の高さ5～20cm　（下）三角状の葉

葉の形は、三角形に近いが、それぞれの角が鋭く尖ることから、3つの角と書いて〝三角草〟。

この植物のなかには、地域によって丸い葉を3つ重ねたタイプもある。弧状になった砂浜を〝洲浜（すはま）〟というが、それに見立てて丸い葉のタイプを〝洲浜草〟と呼んでいる。なお、このタイプの葉の形によく似た家紋を〝洲浜紋〟という。

もうひとつ、このミスミソウには〝ユキワリソウ〟という名前がある。この名前の同名異種に、サクラソウ科の高山植物がある。この名前の由来は、両者に共通する。雪が解けてくる頃に、花を咲かせる。植物のそばは暖かいとみえて雪解けが早い。日が差すと、花が開き、あたかも雪を割るような姿で現われる。その様子から〝雪割草〟という素敵な名前をつけて呼んだ。

ミチノクエンゴサク → ジロボウエンゴサク（P131）

ミツバツチグリ【三葉土栗】

Potentilla freyniana

よく似た"ツチグリ"の小葉は3〜7枚、ミツバツチグリの小葉は3枚である。

分類 バラ科キジムシロ属
分布 日本各地
環境 日当たりのいい野原、丘、山地など
花期 4〜5月

同属のツチグリは中部地方から西の乾いた草原に見られ、根が太く生で食べられるので"土栗"という。ミツバツチグリも、根が太い。しかし、こちらは食べられない。ツチグリの小葉は3〜7枚だが、ミツバツチグリは楕円形の小葉が3枚ずつセットになっているので"ミツバ"がつく。

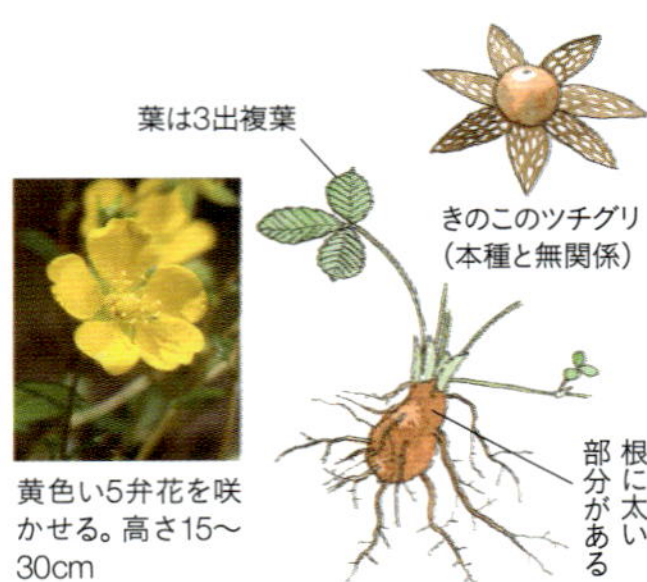

黄色い5弁花を咲かせる。高さ15〜30cm

ミヤコグサ【都草】

別名／ミヤクコングサ
Lotus corniculatus var. japonicus

京都に多く自生していたからではなく、漢名の"脈根草(みゃくこんぐさ)"から。

分類 マメ科ミヤコグサ属
分布 日本各地
環境 道端の空き地や山沿いの道、海岸の斜面など
花期 4〜10月

一般的には、京都の耳塚に多く自生していたので"都草"という名前がついたとされるが異論を唱えたい。ミヤコグサは、昔、"脈根草"という薬草名でも呼ばれていた。根から伸びる細長い枝を血管(脈)に見立てた名前である。この"ミャクコン"が"ミヤコ"になったと思う。

茎の上部に黄色の蝶形花が1〜3個つく

ミヤマオダマキ → オダマキの仲間（P55）／ミヤマセントウソウ → セントウソウ（P147）

ミミナグサ

【耳菜草】

Cerastium fontanum ssp. *vulgare* var. *ungustifolium*

葉の形が動物の"耳"に似る。若い苗は食べられるので"菜"がつく。

分類 ナデシコ科ミミナグサ属

分布 日本各地

環境 農村の道端、畑のあぜ道に自生

花期 4～6月

葉姿とネズミの耳の形が似る

切れ込みのある花びらが5枚つく。高さ10～20cm

オランダミミナグサの花は花柄が短く、花が集まったように見える

〝ミミナ〟は、楕円形の葉が向かい合わせについている姿を、ネズミなど、動物の耳に見立ててつけられた。〝ナ〟は、この草は食べられるということ。本種の若い苗は食べられる。

よく似たオランダミミナグサは、花柄（かへい）が、がくより短い。ミミナグサは、逆に花柄が、がくより長い。オランダミミナグサは欧州原産である。鎖国時代に唯一、交易を許された国であった〝オランダ〟の名前がついてしまった。

ミ

ミヤコワスレ
【都忘れ】
別名／ミヤマヨメナ
Aster savatieri

順徳(じゅんとく)上皇が愛した白菊はミヤマヨメナ。色が違う花変わりを、ミヤコワスレと呼ぶ。

分類 キク科シオン属
分布 本州、四国、九州
環境 深山の森や林の中
花期 4〜6月

ミヤマヨメナの自生地にごくまれに見る。高さ20〜50cm

花壇や庭で栽培される。花の色は、紫紺、赤紫、白など変異が多い

鎌倉時代の初期、承久(じょうきゅう)の乱で圧勝した鎌倉幕府は、朝廷側の首謀者のひとりである順徳(じゅんとく)上皇を佐渡へ流した。そして、順徳上皇は、佐渡の御所で、遠島のつれづれをなぐさめるために、白い菊を植えて、都を忘れようとした。この白い菊は、現在のミヤマヨメナのことである。

ミヤマヨメナは各地に自生があり、花色も変異が多い。時代は過ぎ、後世の人々は、順徳上皇が都を忘れるために愛でた白い菊ではなく、紫色やピンクなどの花変わりの〝ミヤマヨメナ〟に〝ミヤコワスレ〟と名前をつけた。

というわけで、現在ミヤコワスレとして市販されているものは、順徳上皇が愛したかつてのミヤコワスレではない。

ミヤマキケマン
【深山黄華鬘】
Corydalis pallida var. tenuis

"キケマン"と区別するため"ミヤマ"がつく。ケマンソウとは似ていないが近縁。黄花だから"キ"。

分類 ケシ科キケマン属
分布 東北～近畿、四国
環境 山地や丘、草藪など
花期 4～7月

〝ミヤマ〟という言葉は、キケマンと区別するためについた。〝キ〟は、花が黄色だから。〝ケマン(華鬘)〟とは、仏像の装飾のひとつで、うちわ形にぶら下がった装飾。これに花が似ているからといわれているが、この種は似ていない。葉が非常に細かく、緑白色という特徴がある。

黄色い花は筒型で、先が唇形に開いている

ミヤマナルコユリ
【深山鳴子百合】
Polygonatum lasianthum

"ナルコユリ"と区別するため"ミヤマ"がつく。鳥を追い払う鳴子に花が似る。

分類 クサスギカズラ科アマドコロ属
分布 北海道～九州
環境 山地の森や林の中など
花期 5～6月

ナルコユリというよく似た植物と区別するために、〝ミヤマ〟がつく。鳥を追い払う鳴子によく似た花だから、〝ナルコ〟とついた。ナルコユリとの相違点は、花の下側がつぼまっていること、茎が細くてほぼ丸い形をしていること、葉が波打っていることの3点である。

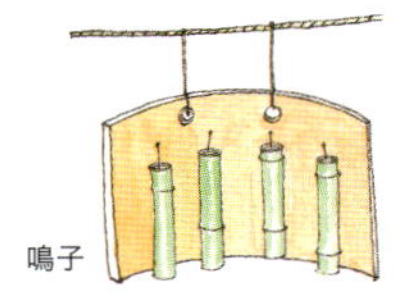

白い花が下向きに咲く

ミヤマカタバミ → カタバミ(P65)

ミヤマヨメナ
【深山嫁菜】

別名／ノシュンギク、ミヤコワスレ
Aster savatieri

“ヨメナ”とは属が違い、まったく別の種類の草である。“ミヤマ”は区別のためについた言葉。

分類 キク科シオン属
分布 本州、四国、九州
環境 山地の森や雑木林の中
花期 5月

花の直径は約3cm。典型的な舌状花の形をしている

茎に互生する葉は長楕円形で、鋭い鋸歯が2〜3カ所ある

〝ミヤマ〟という言葉は、この種の場合は〝深山〟の意味ではなく、ヨメナと区別するためにつけられたと思う。ミヤマヨメナは春咲きで、ヨメナは7〜10月に咲く属違いの花である。

〝ヨメナ〟という言葉は、『万葉集』に出てくる〝うはぎ〟が〝おはぎ〟になり、さらに転訛した〝嫁萩〟がお嫁さんの菜っ葉という意味の〝嫁菜〟になったという説と、ネズミが特に好むというわけではないが、夜活動するネズミの菜という意味の〝鼠(夜目)菜〟説がある。私は嫁菜が適した名前だと思う。〝嫁菜〟は、江戸時代の『草木図説(そうもくずせつ)』などに描かれていて、名前は確立していた。なお、ミヤマヨメナのなかで、花変わりの園芸種をミヤコワスレという。

ムサシアブミ

【武蔵鐙】
Arisaema ringens

“武蔵”の国でつくられた“鐙(あぶみ)”は良質で知られていた。その形に似た花である。

分類 サトイモ科テンナンショウ属
分布 関東～沖縄
環境 林の中や森のふち、海岸近い林の中
花期 4～5月

仏炎苞には縞柄が目立つ。高さ15～30cm　(下)赤く熟した実

〝鐙(あぶみ)〟とは、馬に乗るときに足をかける金具のことで、鞍(くら)の両脇にある。その〝鐙〟のしゃくれ具合がこの花の形に似ていることで、〝アブミ〟という言葉がつけられている。

また、江戸時代くらいまで、鐙の性能・品質がよいとされていたのは武蔵の国のものだったとか。そういう理由で、〝ムサシ〟という言葉もついている。

なお、江戸時代の『草木図説(そうもくずせつ)』などに名前があることから、江戸時代にはムサシアブミの名前は確立していたと考えられる。また、平安時代の『本草和名(ほんぞうわみょう)』などでは、ムサシアブミの古名〝加岐都波奈(かきつばな)〟で載っている。〝かきつばな〟の意味は不明。

ムラサキケマン【紫華鬘】

Corydalis incisa

花の色から"ムラサキ"。ケマンソウの花に似ないが、近縁なので"ケマン"とつく。

分類 ケシ科キケマン属
分布 日本各地
環境 やや湿った草原、市街地の空き地、農村の山道沿い
花期 4～6月

ケマンソウは、花が〝華鬘（けまん）〟に似ているので〝ケマン〟という言葉がついている。〝華鬘〟は、仏像の胸のあたりの装飾品で、うちわ形の金属に蓮（はす）の絵などを描いたもの。ムラサキケマンは、ケマンソウとも華鬘とも似てはいない。近縁なので、〝ケマン〟の名前を借用した。

▲ムラサキケマン

筒状の花の先は濃い紅色

ムラサキサギゴケ【紫鷺苔】

別名／サギシバ
Mazus miquelii

白色の変わり花から、サギソウを連想して"サギゴケ"。標準花に"ムラサキ"とつけた。

分類 サギゴケ科サギゴケ属
分布 本州、四国、九州
環境 田んぼのあぜ道、郊外近くの空き地、草原、土手など
花期 4～6月

はじめに白色の変わり花が見つかった。下唇の部分が発達し、サギソウの唇弁（しんべん）に似る。小さくて、横に広がるので、〝ゴケ〟を加え、サギゴケの名前をつけた。その後、紫色の標準花が発見された。サギゴケと区別するため、〝ムラサキ〟を加えたが、標準花に変種のような名前がついた。

あぜ道など、湿気のある地に生える

花の下唇には、黄色い斑点がある

ムラサキカタバミ → カタバミ（P65）

ムラサキハナナ
【紫花菜】

Orychophragmus violaceus

別名／ハナダイコン、ショカツサイなど

“紫色の美しい花”が咲き、食べられるのでこの名前がある。別名が多数ある。

分類 アブラナ科 オオアラセイトウ属
分布 中国原産
環境 鉄道や川の土手などに群生
花期 2～5月

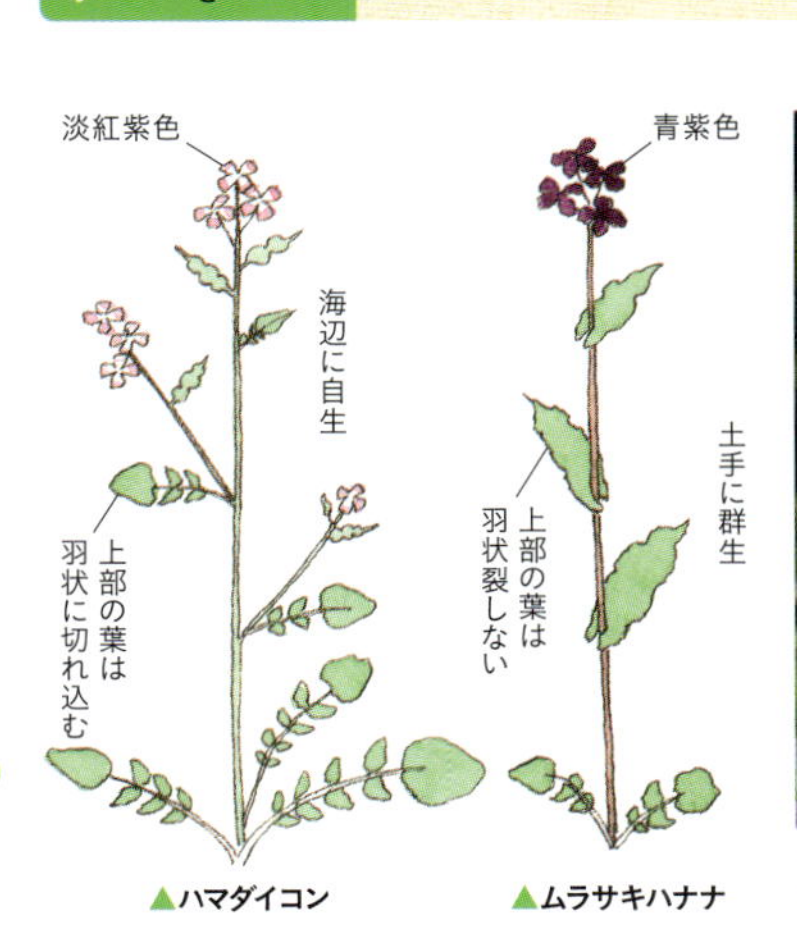

▲ハマダイコン　▲ムラサキハナナ

もともとは栽培種だが、野生化したものを道端で見かける。花は直径約3cm

この植物は、和名がたくさんある。〝ムラサキハナナ〟というのは、花が紫色で美しく、食べられることで〝菜〟がつく。〝オオアラセイトウ〟のアラセイトウ(江戸時代の呼び名)は今でいうストックのこと。ストックよりこちらのほうが大きいので〝オオ〟がつく。〝シキンソウ〟は、花が紫色で、中央の雄しべは黄色だから〝紫金草〟。〝ハナダイコン〟というのは、花が大根の花に似て、その花よりも美しいということでついた。

最後に、〝ショカツサイ〟。これは、中国の三国時代、蜀の軍師であった諸葛孔明が、野菜不足対策に、陣中でムラサキハナナに近いアブラナ科の植物のタネを蒔かせたことに由来する。漢字は〝諸葛菜〟。

 メキシコマンネングサ → コモチマンネングサ（P109）

ヤエムグラ
【八重葎】
Galium spurium

茎は枝分かれして、多層の藪ができる。この状態から"八重葎"と名づけた。"葎"は草むらの意味。

丸いのは実。花は小さくて目立たない。葉は長い楕円形、または線形である

朽ちた農具などを置き忘れたような場所に多い

ヤエムグラは、地際で茎が多数に分岐する。そして、茎や葉には刺がたくさん出ており、それがほかの草などに引っかかりながら伸びていく。何本も重なり合っているという意味で、〝ヤエ（八重）〟という言葉がついている。

〝ムグラ〟には草むら、藪の意味がある。葉は、6枚から8枚が輪生している。1カ所から同じように出るわけではないので、葉が出る状態を見て八重という人もいるが、私は幾層にも重なり合う、という意味だと思う。

古い時代には、〝溝葎〟という名が使われている。この草が少し窪んだところに生い

ヤブジラミ → オヤブジラミ（P58）／ヤブタビラコ → オニタビラコ（P57）

分類 アカネ科ヤエムグラ属
分布 日本各地
環境 山地の道端、畑や田んぼのあぜ道など。市街地の空き地の藪など
花期 5〜6月
仲間 クルマムグラ(車葎)は、葉が輪生する姿を車軸に見立てた。オククルマムグラ(奥車葎)は、クルマムグラに似るので、区別のため"奥"がつく。フタバムグラ(二葉葎)は葉が対生している。葉の縁に毛がある。ヤマムグラ(山葎)は、山地のやや乾いたところに自生する。ヨツバムグラ(四葉葎)は、葉が4枚輪生することから名づけられた。

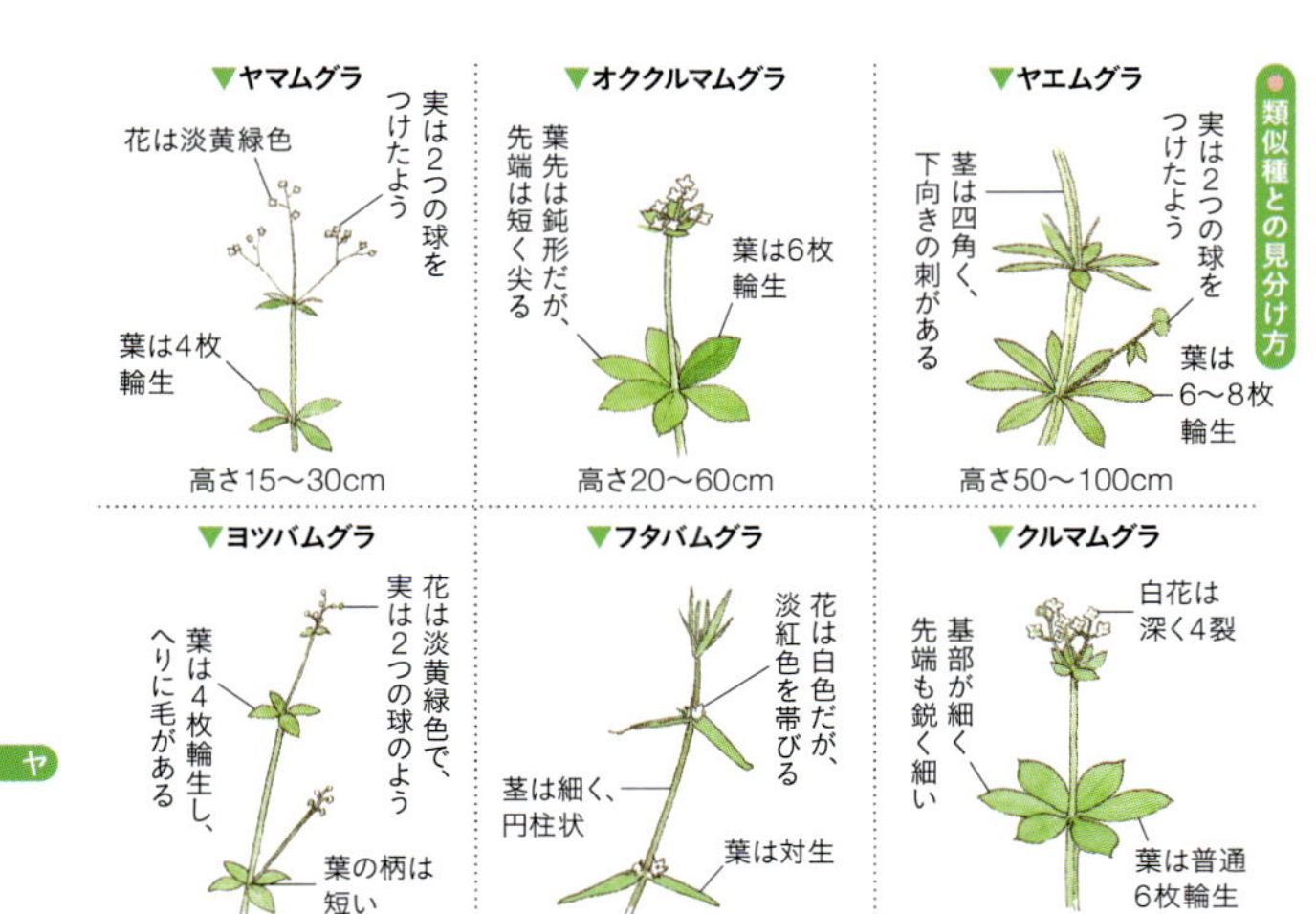

茂っていることがよくあるということから、この名前がついた。

"八重六倉"という言葉は、『万葉集』『枕草子』『源氏物語』などにも出てくるが、この場合はヤエムグラを個別に示すのではなく、つる状の雑草のような草の総称として使われている。

その後、時代が下って江戸時代に編纂された『草木図説(そうもくずせつ)』には、はっきりとヤエムグラの絵が出ている。この時代には、ヤエムグラという言葉は、この植物を個別に指していたことがわかる。

ヤブニンジン → セントウソウ(P147)／ヤブヘビイチゴ → ヘビイチゴ(P221)

ヤブレガサ

【破れ傘、破れ唐傘】

Syneilesis palmata

葉が展開しかけたときの姿が、あたかも"破れた番傘(ばんがさ)"のように見える。

分類 キク科ヤブレガサ属
分布 本州、四国、九州
環境 雑木林や森のふちなど
花期 7〜10月

傘をすぼめた形。若葉には白い毛がある
(下)筒状の白い花をつける

破れた番傘

芽出しの葉が破れた番傘に似る

芽出しから間もなく、葉が展開し始めた頃の葉姿が、粗末な番傘(ばんがさ)の破れた形によく似ている。花や草全体の姿ではなく、若葉が展開するその時期だけだが、イメージにぴったりであることから、この名前がつけられた。

ヤブレガサという言葉は、江戸時代の文献『三才図会(さんさいずえ)』『薬品手引草(やくひんてびきそう)』『物品識名(ぶっぴんしきめい)』などに、破菅笠(ヤブレスゲガサ)、菟児傘(ドジサン)、破唐傘(ヤブレカラカサ)、狐傘(キツネノカラカサ)などの別名で出ている。なお、〝キツネノ〟というのは、少し小さいとか、人を騙(だま)すなどの意味がある。江戸時代の別名が現在に至るまでに一本化され、ヤブレガサとなったのであろう。漢名は〝菟児傘〟。これは、兎の子の傘という意味。

ヤ

ヤマシャクヤク【山芍薬】

Paeonia japonica

中国から渡来した“シャクヤク”に葉の形と蕾が似て、“山”に自生することから名づけられた。

分類 ボタン科ボタン属
分布 関東～九州
環境 山地の林の中、森のふち
花期 4～6月

白色の花は上向きに咲き、直径4～5cm
(下)果実は熟すと赤くなり、割れる

ヤ

シャクヤクは、大和朝廷の頃、中国から薬として渡来した。当時は〝衣比須久須利〟といい、〝衣比須〟とは外国を意味した。その後、中国名の〝芍薬〟をそのまま音読みにして〝シャクヤク〟となり、さらに日本の山中にもこれと葉の形が似ている草が見つかり、頭に〝ヤマ〟をつけ、ヤマシャクヤクと呼んだ。なお、中国産のシャクヤクは一重や八重があるが、日本産のヤマシャクヤクは一重である。昔の人々は、このヤマシャクヤクに注目していなかったようで、評価されだしたのは江戸時代になってのこと。当時の『大和本草』『物品識名』『綱目啓蒙』で、切花や薬に使われていることが紹介されている。

ヤマエンゴサク → ジロボウエンゴサク(P131)／ヤマオダマキ → オダマキの仲間(P55)

ヤマドリゼンマイ【山採り銭巻、山採薇】

Osmundastrum cinnamomeum

丘で採れるのが“ゼンマイ”、“山で採れる”のが本種。両方とも食用になる。

分類 ゼンマイ科 ヤマドリゼンマイ属
分布 北海道～九州
環境 山地のやや湿った草原

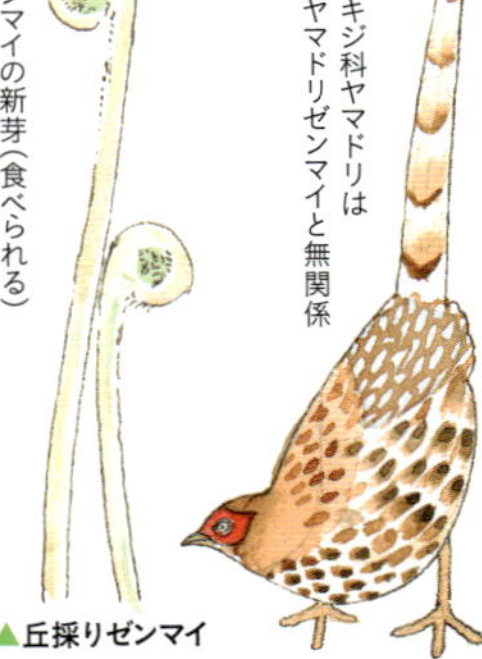

▲山採りゼンマイ　▲丘採りゼンマイ

胞子葉と栄養葉がある。胞子葉は褐色。大形のシダで、高さ100～110cmになる　（下）若芽は山菜として人気

キジ科のヤマドリという鳥がいるが、それとヤマドリゼンマイは関係ない。〝スズメ〟や〝カラス〟など、鳥の名前で植物の大小を表わす場合があるが、このヤマドリはそうではなく、〝山で採れる〟からついた名前と考えられる。ゼンマイは野原や丘に自生し、若芽が食用にできる。ヤマドリゼンマイは、標高の高い山で採れ、これもやはり若芽が食べられる。なお、ゼンマイとは、渦を巻いた形の若芽が、〝銭を巻く〟姿に似ていることからきている。

ヤマネコノメソウ → ネコノメソウの仲間（P187）

ヤマハタザオ 【山旗竿】

Arabis hirsuta

草丈が高くて枝分かれせず、“旗竿”のような草姿。区別のため“ヤマ”がつく。

分類 アブラナ科ヤマハタザオ属
分布 北海道～九州
環境 山地の草原や森のふちなど
花期 5～7月

ハタザオは、旗を揚げる竿によく似た、細長い草姿なので、この名前がついた。草の高さは1ｍ前後ある。一方、ヤマハタザオは高さが30～60㎝で、ハタザオよりも小形。頭に〝ヤマ〟がついたのは、ハタザオと区別するためである。葉のふちは波打ち、鋸歯が出ている。

▲ハタザオ　▲ヤマハタザオ

山野の道端で見かける

ヤ

ヤマブキソウ 【山吹草】

Hylomecon japonica

バラ科の“ヤマブキ”の黄色と同じ花色であることから、ヤマブキソウの名前に。

分類 ケシ科クサノオウ属
分布 本州、四国、九州
環境 山地の林の中、森陰
花期 4～5月

バラ科の木にヤマブキというものがあり、黄色い花が咲く。ヤマブキソウも黄色い花が咲く。花が同じ黄色という理由だけで、名を借り、ヤマブキソウという名前がついた。ほかの点で類似点はない。ヤマブキは、5弁の黄色い花。ヤマブキソウは、4弁の花が咲く。花や葉の形も異なる。

花弁が5枚、黄色花
◀ヤマブキ バラ科
花弁が4枚、黄色花
ヤマブキソウ▶ ケシ科

黄色い花がヤマブキの花に似ている

ヤマムグラ → ヤエムグラ（P239）

ヤマルリソウ

【山瑠璃草】

Omphalodes japonica

花色から"瑠璃"。"ルリソウ"と区別するために"ヤマ"がついた。

分類 ムラサキ科ルリソウ属
分布 本州、四国、九州
環境 山の林の中、森のふちの斜面
花期 4～5月

山の沢近くに多い。花の直径は約1cm。高さ7～30cm

よく似たルリソウ

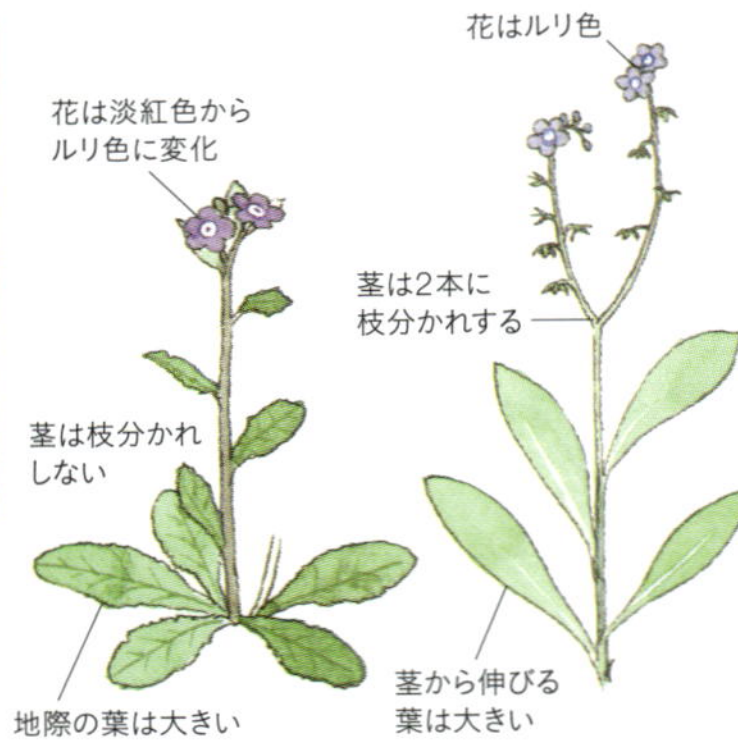

▲ヤマルリソウ　▲ルリソウ

"ルリ"は花色を表わし、よく似たルリソウと区別するために"ヤマ"をつけた。ヤマルリソウとルリソウを比較してみると、ルリソウは地際から出る葉が、あまり大きくならない。茎から出る茎葉のほうが大きい。ところが、ヤマルリソウは、放射状に出る地際の葉がへら形でいちばん大きく、茎につく葉は小さい。また、ルリソウは、茎の途中で、2つに分岐する。ところがヤマルリソウは途中で分岐することはない。

ユキザサ

【雪笹】

Maianthemum japonicum

花が咲いた姿は粉雪がついているように見え、葉は笹の葉に似ることから名づけられた。

分類 クサスギカズラ科 マイヅルソウ属
分布 北海道～九州
環境 山地の林の中、森陰
花期 5～7月

花びらは6枚ある

茎の上部に荒い毛がある花茎をつける。高さ20～70cm

熟した実は赤色

茎の上部で枝分かれして円錐形の花の集まりができる。ひとつひとつの花は6枚の小さな白い花びらだが、まるで粉雪がついているように見えるということで〝ユキ〟とつく。葉は笹の葉に似ていることから〝ササ〟とつき、〝ユキザサ〟という名前がついた。

この〝ユキ〟という言葉だが、これは白い花を表わすときによく使われる。たとえば、サトイモ科のユキモチソウ、バラ科のユキヤナギなども同じような使い方である。白い花をストレートに表現しているのは、シロバナノヘビイチゴ、シロバナタンポポなどである。それから〝ギン〟で白い花を表現したギンランやササバギンランなどもある。白を表わす名前には、ユキ、シロ、ギンなどがある。

ユキモチソウ
【雪餅草】
Arisaema sikokianum

仏炎苞（ぶつえんほう）の中の白くて丸い付属体が"雪"や"餅"のような白さである。

分類 サトイモ科テンナンショウ属
分布 三重、奈良、四国の限られた地域
環境 山地あるいは深山の森の中
花期 4～5月

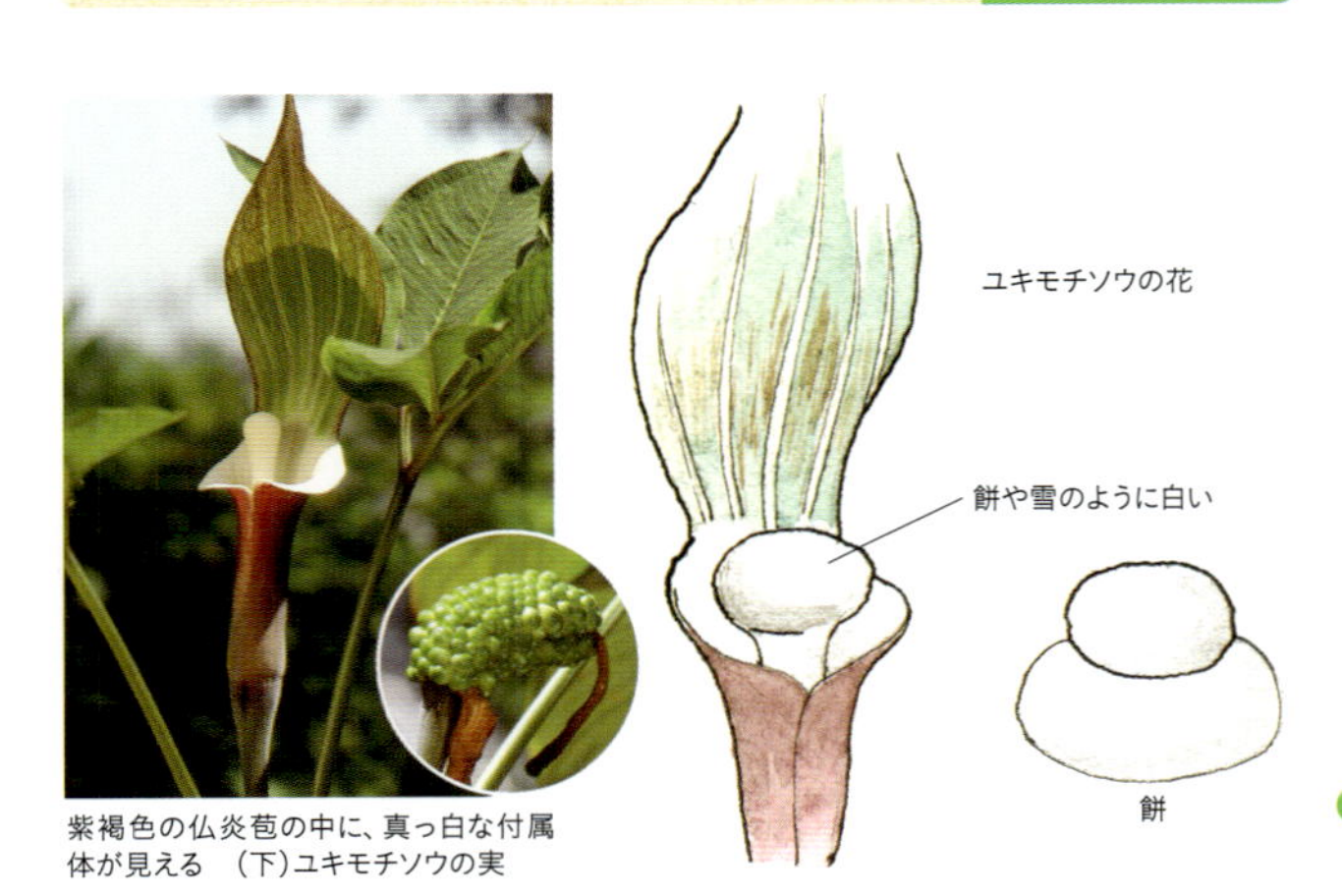

紫褐色の仏炎苞の中に、真っ白な付属体が見える　(下)ユキモチソウの実

頭巾形の花のちょうど中央に、白く丸いものが見える。これが白い〝雪〟あるいは〝餅〟のように見えることから、ユキモチソウの名前になった。

この仲間は、性転換ができるという面白い性質がある。最初は、白い部分の下に紫色の花粉をいっぱいつけた雄花が咲く。そしてもう少し球根(正しくは球茎という)が太り、草姿も大きくなると、雌花が咲くようになる。雌花はトウモロコシを小さくしたような形で、緑色の粒で覆われている。

雌花にほかの雄花の花粉をつけたキノコバエがやってきて受粉すると実がつく。球根は実に養分をとられ、やせる。すると、次の年は雄花が咲く。

ユリワサビ

【百合山葵】

Eutrema tenue

冬季の根元は、"ユリ"の球根に似た姿で、葉を揉むと"ワサビ"のにおいがすることから。

分類 アブラナ科ワサビ属
分布 本州、四国、九州
環境 山地、丘の沢沿いの湿った場所
花期 3〜5月

根元の葉はワサビよりも小さく、長さ2〜4cmのハート形

花びらは4枚ある。高さ10〜30 cm
(下)根生葉はハート形

冬の時季に根元を見ると、葉柄(ようへい)の跡が残っている。これが"ユリ"の鱗茎(りんけい)に似ているところから"ユリ"という名前がついている。

"ワサビ"という言葉は、葉を揉(も)むとワサビのにおいがすることからである。においだけでなく根元から出た大きな葉はワサビの葉に似ている。

においから名前がついた植物がいくつもある。まず、キュウリグサ。これは葉を揉むとキュウリの香りがする。そのほか、揉まなくてもひどいにおいがするヘクソカズラ、ニラのにおいがするハナニラ、バナナの香りがするニオイハンゲ。さらに、ニオイエビネは遠くからでもとても甘い香りが漂ってくる。

ユキワリイチゲ → キクザキイチゲ(P77)/ユキワリコザクラ → サクラソウ(P113)

ヨウラクラン【瓔珞蘭】

Oberonia japonica

葉がつながって垂れ下がっている姿が、仏像の装飾品の"瓔珞"に似ていることから。

分類 ラン科ヨウラクラン属
分布 宮城〜沖縄。太平洋側に多い
環境 老木や岩に着生
花期 4〜6月

2〜8cmの花序をつける。ひとつの花は非常に小さい

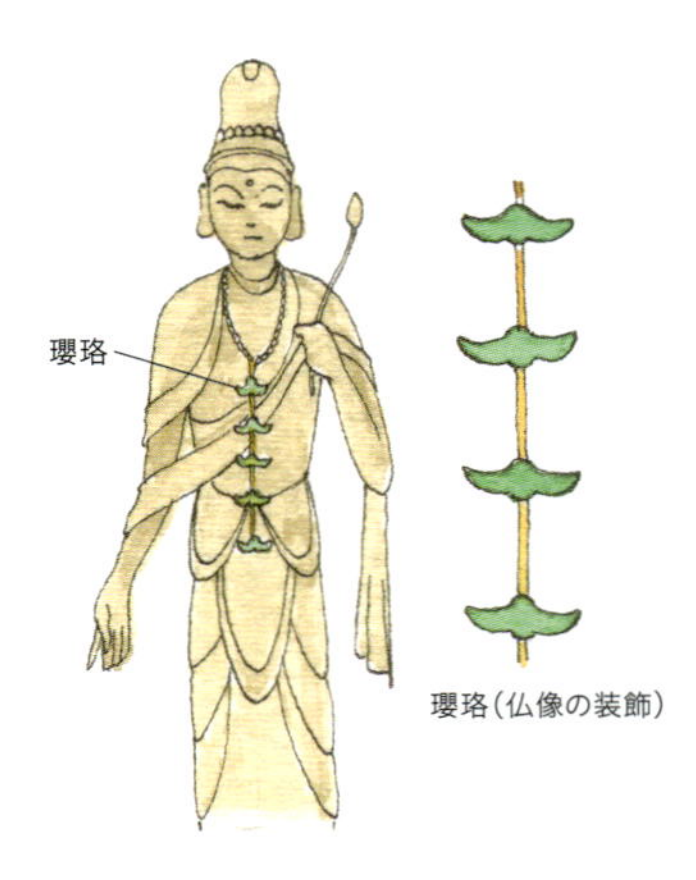

瓔珞（仏像の装飾）

昔、インドの貴族が貴金属を糸に通し、頭や首、胸などに垂らして飾ったものを〝瓔珞（ようらく）〟といった。そして、仏像の首や胸の装飾品、建物の天井や仏像の上にかざした笠の天蓋（てんがい）などにぶら下げる装飾品のことも〝瓔珞〟というようになった。

この〝瓔珞〟と形がよく似ているランがヨウラクランである。根が空気中に露出しており、細い根で木の肌に着生する。葉は肉厚で、ちょうどパイナップルの仲間の葉に似ていて、それをごく小さくしたサイズである。それが茎に逆さまにつき、下へ下へと下がっていく。その先に、ちょうど飾りヒモのような赤茶色の花が多数ついた花穂（かすい）が垂れ下がる。そんな花で、〝瓔珞〟に似ているのは、葉の部分である。

ヨツバムグラ → ヤエムグラ（P239）

ラショウモンカズラ【羅生門葛】

Meehania urticifolia

渡辺綱が"羅生門"で切った鬼の腕に似た花を咲かせる、つる（カズラ）状の草。

分類 シソ科 ラショウモンカズラ属
分布 本州、四国、九州
環境 山の林の中、森のふち、山道沿いの道端など
花期 4〜5月

ラショウモンカズラの花

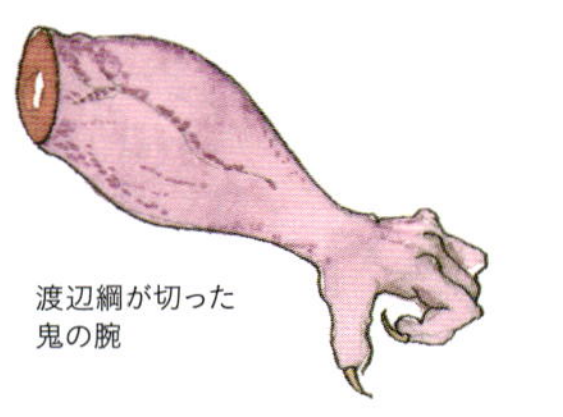

渡辺綱が切った鬼の腕

筒形の花は、先のほうが唇形である。下唇の中央に毛がある。高さ20〜30cm

"ラショウモン（羅生門）"とは、平安京の正門のことである。朱雀大路の南側の端にあった。二重閣の瓦屋根造りの建物があり、そこに鬼が住み着いていたという。

その鬼は悪さをして、人々を困らせていた。そこで、平安中期の武将・源頼光の家臣である渡辺綱が、羅生門に乗り込み、鬼と戦い、鬼の腕を切り落として持ち帰った。

その鬼の腕に似ている花を咲かせる草が本種である。蕾の、あるいは花の姿がなんとなく鬼の腕のような感じに見える。

茎はつる状に伸びるので、つる性の植物を意味する"カズラ"を借用し、"ラショウモンカズラ"という名前がついた。

リュウキンカ

【立金花、立金華】

Caltha palustris var. *nipponica*

茎が“立”ち上がり“金”色の花を咲かせることから“立金花”。

分類 キンポウゲ科 リュウキンカ属

分布 北海道、本州、九州

環境 沼地や山地の湿地帯など

花期 4〜7月

黄色い花には光沢がある。葉はフキの葉に似る　(下)ヒメリュウキンカの花

茎は横に伸びず、立ち上がる

花は黄色

▲リュウキンカ

花は黄色

茎は横に伸び、先に苗ができる

▲エンコウソウ

尾瀬にミズバショウが咲く頃、一緒に黄色い花が見られる。それがリュウキンカ。漢字で〝立金花〟と書く。〝立〟は茎が立ち上がる性質、〝金花〟は黄色の花を意味し、本種の名前になった。

ところで、本種の変種にエンコウソウがある。これは茎が横に這(は)うように伸びて広がっていくという変わり者である。〝猿猴草(エンコウソウ)〟と書き、猿が手を伸ばしたように茎が這い、その先に花や葉をつける。〝猿猴〟というのはテナガザルという人もいるが、猿全体を意味すると考えていいと思う。エンコウソウは主に雪の多い地方、リュウキンカは比較的雪の少ない地方で見られる。

リュウキンカによく似た花が咲き、小形なものに欧州原産のヒメリュウキンカがある。

リョウメンシダ
【両面羊歯】
Arachniodes standishii

若葉の場合は表裏の違いがつきにくいので、この名前がついた。

分類 オシダ科カナワラビ属
分布 北海道～九州
環境 山地、丘の比較的湿った沢沿いの斜面、森の中、林のふちなど

このシダは、北海道から九州までの比較的湿った森の中や林の中に自生している。特に若い葉の裏表はよく似ており、区別がつきにくい。それで、リョウメンシダという名前がある。ところが、裏側に胞子嚢群がつくと、色が茶色に変わり、裏表がはっきりとわかるようになる。

リョウメンシダの葉の表側。大形のシダである

葉の裏側。表裏の区別は困難

ルイヨウショウマ
【類葉升麻】
Actaea asiatica

“ルイヨウ”とは、“類葉”のこと。サラシナショウマの葉に似るという意味。

分類 キンポウゲ科ルイヨウショウマ属
分布 北海道～九州
環境 山地、深山の森の中、林のふちなど
花期 5～6月

〝升麻〟は、サラシナショウマの漢名である。この根を乾燥させて薬の〝升麻〟として市販している。サラシナショウマとルイヨウショウマの葉を比較すると、サラシナショウマの小葉は、15～27枚編成、ルイヨウショウマは15枚編成だが、印象はよく似ている。

がくは開花後すぐ落下
小葉は15枚編成
▲ルイヨウショウマ
花穂は長さ20～30cmの円柱形
白花
小葉は15～27枚編成
▲サラシナショウマ

花穂は短く太い。長さ5～10cm

ルイヨウボタン【類葉牡丹】

Caulophyllum robustum

この名前の意味は、"ボタン"の葉に似る草。しかし、実際には多少の違いがある。

分類　メギ科ルイヨウボタン属
分布　北海道～九州
環境　深山の林や森の中
花期　4～6月

大きなものは高さ70cmになる　(下)花は直径8～10mmで、黄緑のがくがある

ボタンの葉は、茎から伸びた葉柄（ようへい）が2回繰り返しで、3つに分かれ、その先に3～5枚くらいずつ小葉がつく。楕円形の小葉で、先が少し浅く切れ込んでいて、いずれも先のほうはあまり尖らないという特徴がある。

一方、ルイヨウボタンは、葉柄の先が2回繰り返しで、3つに分かれ、小葉が3枚ずつくらいに分かれてつく。小葉はいずれも楕円形で、浅く切れ込んでいて、その先は少し尖っている傾向がある。このように比較すると、見た目はちょっと似ているが、ルイヨウボタンは葉が細めで、先が尖り、小葉の数の違いといった差異はある。

いずれにしても、両者の葉は多少似ていることから、本種に"ルイヨウ(類葉)"という名前がついた。

ルリソウ → ヤマルリソウ(P244)

【連福草】レンプクソウ

Adoxa moschatellina
別名／ゴリンバナ（五輪花）

この草を採集したとき、福寿草の根がついてきたことから“連福草”。

分類 レンプクソウ科 レンプクソウ属
分布 北海道、本州、九州
環境 山地の草原、森陰
花期 3〜5月

〝レンプク〟は、福がつながっているという意味だと思う。この草を最初に発見したときに、フクジュソウの根とくっついていた。おめでたい名前の草に続いてきたので、連続の福、〝レンプク〟となった。別名の〝五輪花〟は、この草は5つの花が必ずまとまって咲く性質から、つけられた。

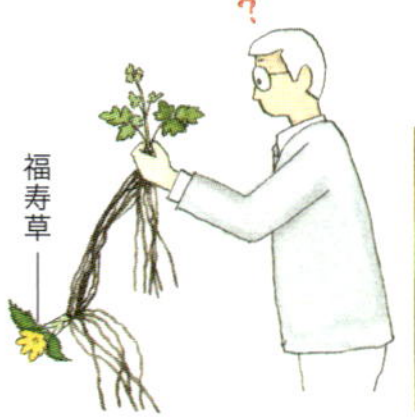

福寿草とつながるのだろうか？

5つの花がまとまってついている

【勿忘草】ワスレナグサ

Myosotis scorpioides

「私を忘れないで」と言って、恋人にこの草を投げた若者の言葉から名前がついた。

分類 ムラサキ科 ワスレナグサ属
分布 欧州原産
環境 標高の少し高い水辺、あるいは湿地帯
花期 5〜7月

名前は西洋の有名な伝説による。ライン川のほとりをカップルが歩いていたとき、ワスレナグサの花が咲いていた。花を取ろうとした男性は川に落ちてしまう。流れにのまれそうになったとき、この花を彼女に投げ「私を忘れないで」と叫び消えてしまった。それで、この名前に。

花の色は紫、ピンク、白っぽいものなど

水辺などに野生化している

レ
ワ

ワタナベソウ【渡辺草】

Peltoboykinia watanabei

1899年7月に植物採集家の渡辺協(わたなべなごう)氏が高知県で採集した。彼にちなんで名づけられた。

分類 ユキノシタ科ヤワタソウ属
分布 四国、九州
環境 山岳地帯の湿った森の中
花期 6～7月

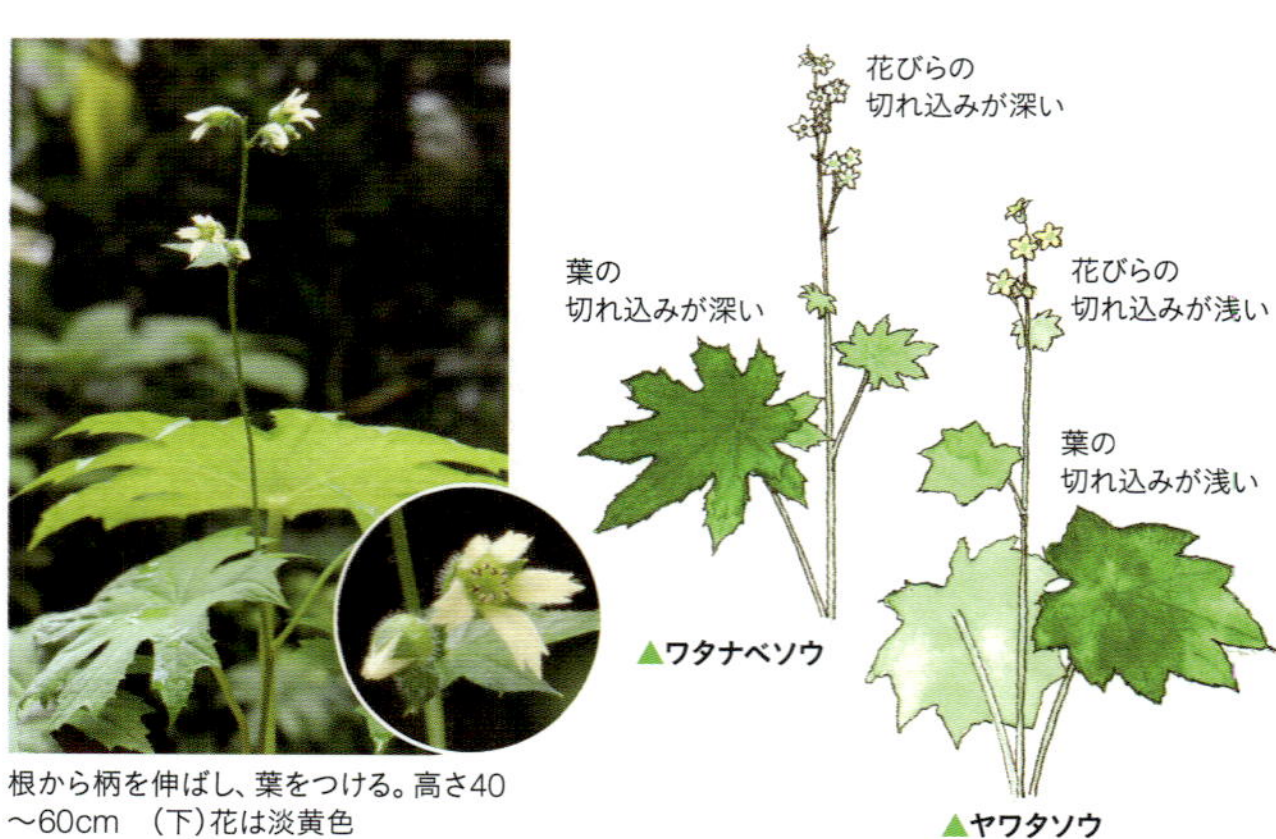

根から柄を伸ばし、葉をつける。高さ40～60cm　(下)花は淡黄色

まだ、この草の存在が知られていない頃、偶然にその自生地に向かっている人がいた。渡辺協(わたなべなごう)氏であった。同氏は高知県の中央に位置した仁淀村(現・仁淀川町)かその周辺で、この草を発見したと推定される。明治30年代の初めであり、道路整備も不十分で、移動に大変な苦労があったと思う。自生地は沢沿いの林の中、淡黄色の地味な花が咲いていたから見つかったのだろう。花を見て、未知の草であることに気付き、標本にして発表した。

〝渡辺草〟は、この草の特徴を表わす名前ではない。しかし、何日も原生林の中を歩きまわった努力に報いるために命名されたと知ると、この名前でよかったと思う。

なお、東北～中部地方にはよく似たヤワタソウが分布する。

ワニグチソウ
【鰐口草】
Polygonatum involucratum

2枚の苞葉が、社殿、仏堂の正面に吊られている“鰐口”に似ている。

分類 クサスギカズラ科アマドコロ属
分布 北海道～九州
環境 限られた林の中
花期 5～6月

神社の賽銭箱の上には、太い紐と丸い鈴が吊られている。鈴の下側は口が開いている。昔は鮫のことを〝鰐〟と呼び、この鈴を〝鰐の口〟のようだといっていた。ワニグチソウは、花を抱く2枚の苞葉が大きく、この〝鰐の口〟に似ている。それで〝鰐口草〟と名づけた。

花は釣り鐘のように垂れ、2枚の苞に挟まれる

2枚の苞が花をつつむ

ワニグチソウの苞

鰐口（社殿の前面の軒に吊られている平たい鈴）

ワラビ
【蕨】
Pteridium aquilinum var. japonicum
別名／ワラベナ、ヨメノサイ

奈良時代から“早蕨”が採集されていた。これは、ワラビの童に相当する。童からワラビに転化。

分類 コバノイシカグマ科ワラビ属
分布 日本各地
環境 日当たりのいい草原

〝和良比〟または〝和良妣〟の文字で、奈良時代の『出雲風土記』や『万葉集』に登場。〝早蕨〟という言葉も『万葉集』に詠まれている。〝早蕨〟は若芽のことを指し、〝童〟〝童菜〟とも通じる。徳島にも〝ワラベナ〟の方言がある。〝童〟から〝ワラビ〟に転訛したと考えられる。

シダの仲間。若芽は山菜として人気がある

葉が展開する前が食べ頃で、新芽時を“サワラビ”という

用語解説

本書では、日常の話し言葉で解説するようにしました。専門用語を使用すれば、的確に植物の部位や性質などを示すことができますが、一般読者には難解です。本書で使用した用語を紹介しておきます。

▼**1年草**　その年にタネが発芽し、花を咲かせて、タネができると枯れる。越年草は、その年の秋に発芽し、翌年咲いて枯れる。

▼**羽状複葉**　5枚以上の小葉が羽のように並び、1枚の葉を構成する複葉。

▼**雄しべ**　花粉の入る葯、葯を支える花糸からなる。

▼**花茎**　ヒガンバナなど先に花しかついていない茎のこと。葉が退化して鱗片状になったものも含む。これに対して普通に葉や花がつく茎は単に〝茎〟という。

▼**花序**　花茎、茎や枝の先についた花の集団のこと。

▼**花柄と花軸**　花が1つつく柄を〝花柄〟、花が複数つく軸を〝花軸〟という。

▼**花弁**　花弁と花びらを同意語として次のように使用した。離弁花（ユキノシタなど）で花弁とがくがはっきりしている種類は〝花弁〟。花弁のないものは、単に〝花〟。合弁花（リンドウなど）では、単に〝花〟。単子葉（ユリ、ランなど）で、花弁とがくが同じようなものは、〝花びら〟。花弁とがくがない花（ユキモチソウ、ススキなど）は単に〝花〟といい換えた。

▼**偽球茎**　ラン科の球根状の器官で、太い茎などをいう。偽鱗茎あるいはバルブともいう。

▼**距**　花の背後に突き出た尻尾のような器官。その中に蜜を分泌し、昆虫を誘う。

▼**茎**　花と葉をつける、植物の柱。

▼**互生**　葉などが茎に互い違いにつくこと。

▼**根生葉**　タンポポの葉のように、根元から直接伸びている葉。

▼**3出複葉**　3枚の小葉が1組と

なって1枚の葉を構成する複葉。

▼**子房**（しぼう） 花の下または背後にあり、タネができる器官。

▼**小花**（しょうか） キク科の舌状花（ぜつじょうか）や筒状花（とうじょうか）（管状花）をいう。イネ科では小穂につく小花。

▼**ずい柱** ラン科では、花の中心の〝鼻〟のような器官。雌しべと雄しべがくっついて一つになっている。

▼**装飾花**（そうしょくか） ヤマアジサイやガクアジサイの花の外側の大きな目立つ花をいう。雄しべも雌しべもない中性花。

▼**総苞**（そうほう） キク科などの花の下側にある小さな鱗片の集合。1枚1枚の鱗片を総苞片という。

▼**対生**（たいせい） 葉などが向かい合ってつくこと。

▼**托葉**（たくよう） 葉柄（ようへい）のもとにつく小さな葉のこと。托葉の形が種類を見分ける手がかりとなることも。

▼**タネ** 種子のことを〝タネ〟といい換えた。

▼**柱頭**（ちゅうとう） 雌しべの先端で、雄しべの花粉を受ける部分。

▼**筒状花**（とうじょうか）（管状花ともいう） 舌状花とともにキク科の頭花（とうか）を構成する小花をいう。

▼**2年草** タネから発芽してから2年目に開花する草。

▼**仏炎苞**（ぶつえんほう） ウラシマソウの花のように頭巾形の苞をいう。仏像の光背（こうはい）（炎形）に似た〝苞〟のこと。

▼**閉鎖花**（へいさか） スミレのように花期が過ぎた後、花が開かずに蕾のまま自家受粉してタネができる花のこと。

▼**苞**（ほう）（苞葉（ほうよう）） 花の下につく小さな葉をいう。花びら状に変化することがある。

▼**実**（み） 果実のこと。花が受粉して受精すると、子房が変化して果実になる。果実は果物と誤解しやすいので、単に〝実（み）〟という言葉を使った。

▼**雌しべ**（め） タネをつくる器官。柱頭・花柱・子房で構成。

▼**葉柄**（ようへい） 茎と葉身（葉の面状の部分）とをつなぐ棒状の器官。

▼**鱗茎**（りんけい） ユリの球根のように、栄養分を貯えた鱗片の集合。下に根、上に茎が伸びる。

▼**鱗片**（りんぺん） 鱗状の小片。花茎やシダなどの茎にある。

▼**ロゼット** タンポポのように地際へ放射状に出る葉姿をいう。

五十音索引

●春編、夏編、秋・冬編の各巻で、解説を収録してあります。
●細字は別名、解説文のみの種です。

ア

カ

タ

ナ

ハ

マ

ヤ

ラ

ワ

解説・写真
高橋勝雄（たかはし・かつお）――一九三八年生まれ。一九八八年から一九九九年までNHKテレビ「趣味の園芸」に山野草などのテーマの講師として出演。一九九一年から四年一〇カ月間、毎日新聞で連載のユーモア・エッセイ『野の花に親しむ』を担当。著書に『山溪名前図鑑　野草の名前（全三巻）』（山と溪谷社）、『日本エビネ花譜（全四巻）』（毎日新聞社）、『夏の山野草一〇〇』『春の山野草一〇〇』『秋の山野草一〇〇』（NHK出版）など多数ある。二〇一一年、七三歳で逝去。

絵
松見勝弥（まつみ・かつや）――一九四二年、熊本県生まれ。名古屋市在住。広告会社退職後、イラストレーターとして活躍。高橋勝雄氏の著書一四冊余のイラスト担当。名古屋市東山植物園の講師として植物知識を提供。絶滅危惧植物の増殖や実生にも挑戦している。

写真提供＝香取建介、鐵 慎太朗、舘野太一
装幀・フォーマットデザイン＝田中聖子（MdN Design）
本文DTP＝佐藤壮太（オフィス・ユウ）
編集＝単行本　江種雅行・武田朋子・高橋礼子
　　　文　庫　舘野太一、井澤健輔（山と溪谷社）

野草の名前　春

和名の由来と見分け方

二〇一八年二月一日　初版第一刷発行
二〇二十年一月三十日　初版第三刷発行

著者　高橋勝雄
発行人　川崎深雪
発行所　株式会社　山と溪谷社
郵便番号　一〇一-〇〇五一
東京都千代田区神田神保町一丁目一〇五番地
https://www.yamakei.co.jp/

■乱丁・落丁のお問合せ先
山と溪谷社自動応答サービス
電話〇三-六八三七-五〇一八
受付時間／十時～十二時、十三時～十七時三十分（土日、祝日を除く）
■内容に関するお問合せ先
山と溪谷社
電話〇三-六七四四-一九〇〇（代表）
■書店・取次様からのお問合せ先
山と溪谷社受注センター
電話　〇三-六七四四-一九一九
ファクス　〇三-六七四四-一九二七

印刷・製本　図書印刷株式会社
定価はカバーに表示してあります

Printed in Japan ISBN978-4-635-04834-7